JN288098

JCO事故後の原子力世論

岡本浩一・宮本聡介●編
OKAMOTO Koichi, MIYAMOTO Sosuke

ナカニシヤ出版

はじめに

　本書は，JCO事故後の原子力世論について，アメリカ，フランスの世論との比較と，世論の構造の解析を提示するものである。

　本書の中心は第8章の「事故後の世論調査」である。ほかの章は，その世論の分析の文脈を多面的にご理解していただくために設けた。この3ヶ国世論調査は，もともと，JCO事故以前から計画を進めていたものである。アメリカ語版から作成した日本語版から，もとのアメリカ語版を見ていない第三者による還元翻訳を行い，原版と還元翻訳版に不一致のあるところは日本語を変更するという作業を繰り返し，翻訳等価性について，可能な限り丁寧な作業を行った。作業が終わり，まさに，さあ実施というときになって，JCO事故が起こったのである。1999年9月30日のことだった。

　原子力に対する世論は一気にネガティブに傾いた。原子力発電の社会的受容が先進国中最も高いフランスと，低いアメリカ，その中庸に位置する日本という，比較調査の前提がくずれた感があった。私たちは一度は調査実施の断念に傾いたものである。

　一度起こった大事故の世論への影響はもとに戻らない。JCO事故の影響を世論が受けたなら，その世論が，結局は日本の今後の原子力世論でありつづけるのである。そして，未曾有の事故は，原子力発電関連の施設をかかえている地域とそうでない地域の間の世論の差異をますます大きなものに固定していく可能性があるに違いない。そのことに着眼した結果，当初の「3ヶ国で全国均一サンプリング」の方針を日本についてはあらため，JCO事故当該の地域，原発立地地域，一般都市部の3地域の差異を求めるための加重サンプリングをすることにした。

調査データが集まり，それを分析した結果，東海村・那珂町での原子力世論は，事故当該地であるにもかかわらずおだやかなことがわかった。原発への世論は，事故当該地，原発立地地点，都市部の順でおだやかだったのである。さらに分析を重ねるにつれ，原子力への関係が深いところほど，世論が言わば「練れている」ということが示唆されるという興味深いデータパターンだった。

さて，原子力に対する態度は，原子力というすぐれて特定的な対象についてのものであるにもかかわらず，その特定性を超えて，様々な心理的個人差の規定を受けている。男性と女性では，女性のほうが原子力への支持が低く，政治的価値観が保守的な人ほど原子力を支持する傾向がある。他方，年収や学歴は原子力への態度にほとんど影響を与えていない。また，科学の進歩を是とする態度が，当然のことながら，原子力支持を規定している。

さらに，この調査研究では，種々の社会的価値観と原子力受容やリスク認知が相関するというモデルに基づいた研究デザインを採用した。社会的価値観として，「楽観的社会進歩観」「原始平等主義的社会観」「権威主義的社会観」「個人主義的社会観」を測定した。これらは，文化人類学的な価値観研究から導出されるとともに，因子分析そのほかの分析によって，この4尺度一組での取り扱いが妥当な概念に対応している。

分析の結果，原子力への支持の態度は，「楽観的社会進歩観」「権威主義的社会観」と正方向に相関し，「原始平等主義的社会観」「個人主義的社会観」と逆方向に相関することがわかった。原子力以外の一般的なリスクに対する態度は，「他者依存的リスク受容」「自立的リスク嫌悪」と私たちが命名することになった個人差特性が見つかったが，それらも，原子力への態度とほぼ同様に，これらの社会的価値観と相関していることがわかった。

全体として，原子力への態度やそのほかのリスクに対する認知・態度を，個人の安定的な価値観や人格構造の一端をなすものとして見ようとする本研究の試みはかなりよい成功をおさめていると考えてよかろう。その構造は，国境を越え，日本人，アメリカ人，フランス人に共通する普遍性をもっていた。その構造をふまえたうえで，JCO事故後の世論を怜悧に分析したところ，マスコミが安易に謳っている原子力世論とはまったく異なる図が浮かび上がってきたのである。

JCO事故が起こり，さらに，本書執筆中に，東京電力が原子力発電機のシュラウドという部品のひびを長期間報告していなかったという事例が明らかになった。そのため，世論は，原子力発電をとうてい受け入れないというのが，マスコミなどが提供している日本の世論の概観である。社会科学的方法を厳密に用いた本書の分析をご覧いただけば，その概観は事実をよく十分反映していない可能性を読みとっていただくことができるものと考える。

　JCO事故の世論への影響という観点から本データをご覧いただくために，JCO事故の概要，事故を招いたJCOの体質，臨界事故の周囲への影響，JCO事故の新聞報道のなかでの取り扱われ方などについての章を，データの解析に先立ってまとめた。執筆者の多くが，JCO事故についての様々な調査活動に公的にかかわったため，貴重な資料と，生々しい実感を得ることができた。読者のかたがたがそれらをともに味わって下されば，私どものあの慌ただしくきつかった日々も報いられることと思う。

　本書の社会調査は，社会経済生産性本部の「エネルギー政策研究会」が実施した調査である。執筆者のほとんどがその研究会の委員であり，岡本が委員長をつとめた。アメリカ調査とフランス調査の実施主体は，アメリカオレゴン州のDecision Researchで，研究代表者はPaul Slovic博士である。Slovic博士とJames Flynn博士に感謝を記す。ウェイトを用いた分析が日本ではあまり行われないため，岡本と宮本は，ボストンのコチーヴァ・リサーチで研修を受けた。その後も必要に応じて相談にのって下さった，代表のJohn Kochevar博士に深謝を記しておきたい。この間，社会経済生産性本部は，学術的に厳密にこころがけたいという私どもの希望にご理解を賜り丹念におつきあい下さった。研究者として心から感謝を申し上げたい。とくに，直接ご担当・ご援助下さった立石達さん，佐藤和夫さん，田嶋和也さんに衷心より御礼申し上げる。

　　　　　　　　　　　　　　　　　　平成15年10月　　岡本浩一
　　　　　　　　　　　　　　　　　　　　　　　　　　宮本聡介

目　次

はじめに　*i*

1　JCO事故の原因とJCOの体質 ……………………………………………… 1
　1．JCO臨界事故の概要　　1
　2．国際原子力事象評価尺度による評価　　2
　3．社会的影響　　3
　4．原子力行政への影響　　4
　5．会社責任者の立件　　4
　6．臨界状態とは何か　　5
　7．質量制限と形状制限　　6
　8．政府（科学技術庁）による，核施設の認可プロセス　　6
　9．事故が起こった物理的要因　　8
　10．手順違反の積み上げ　　10
　11．違法手順が生じた過程の問題点　　18
　12．JCOの経営的背景　　19
　13．スペシャルクルー　　20
　14．臨界事故のまとめ　　21
　15．長期間にわたる違反の蓄積　　22
　16．企業体質・意志決定風土の問題点　　25
　17．結語　　28

2 臨界事故の周囲への影響 ………………………………………………… 29
1. はじめに　29
2. 放射線の基礎知識　29
3. 臨界事故による周囲への影響　32
4. 放射性物質による周辺の放射能汚染　36
5. 放射線以外の影響　39
6. おわりに　39

3 新聞報道に見るJCO事故 ……………………………………………… 41
1. はじめに　41
2. JCO事故新聞報道の量的分析　42
3. JCO事故新聞報道の質的分析　45
4. 新聞報道のパターン分析――その1　51
5. 新聞報道のパターン分析――その2　52
6. 事故後の時間経過と新聞報道パターン　55
7. まとめ　57

4 原子力世論の変遷 ……………………………………………………… 59
1. 1950・60年代の原子力　59
2. 事故の影響を受けやすい原子力世論　60
3. 国内原子力世論の変化　63

5 調査概要 ………………………………………………………………… 75
1. 概要　75
2. アメリカ，フランスにおける調査の狙いと調査方法　77
3. 日本における調査と方法論　78
4. 調査回答者の構成　82
5. 各国の重み付け　86

6 「原子力」からイメージされる連想語の国際比較 …………………87
   1. 連想語の分類　88
   2. 連想語に対する連想評価，および他主要変数との関連　93
   3. まとめ　98

7 健康リスク認知の国際比較 ……………………………………101
   1. 原子力発電所が健康に与える影響の認知　101
   2. 原子力発電所以外のリスク因子が健康に与える影響の認知　103
   3. まとめ　108

8 原子力に対する世論の構造を探る ………………………………113
   1. 原子力支持的態度について　113
   2. 原子力支持的態度を規定する属性要因の検討
     （年齢，性別，政治的態度・支持政党，収入，学歴，子どもの数）　127
   3. 社会的態度の比較　134
   4. 科学技術に対する態度の分析　151
   5. 原子力支持的態度を規定する要因の検討　173

科学的社会調査の価値——終章にかえて　183
索　引　191
巻末資料　195

図表目次

図 1.1 核燃料物質加工事業に関する現行の安全規定の手順　7
図 1.2 JCO 事故の作業状況　9
図 1.3a JCO 転換試験棟 最初の工程　10
図 1.3b JCO 転換試験棟 常陽第 4 次キャンペーンからの工程　12
図 1.3c JCO 転換試験棟 常陽第 6 次キャンペーンからの工程　14
図 1.3d JCO 転換試験棟 常陽第 7 次キャンペーンからの工程　15
図 1.3e JCO 転換試験棟 事故時の工程　17
図 1.4 JCO の経営状態　19
図 2.1 放射能によるダメージの違い　31
図 2.2 確率的影響と確定的影響　35
図 3.1 事故後 26 ヶ月までの JCO 事故関連記事の推移　43
図 3.2 2001 年 12 月までに報じられた JCO 事故関連記事の割合　43
図 3.3 事故後 1 ヶ月間の JCO 事故関連記事の推移　45
図 3.4 「原因」を含む JCO 事故関連記事の事故後 1 ヶ月間の推移　46
図 3.5 「ずさん」を含む JCO 事故関連記事の事故後 1 ヶ月間の推移　47
図 3.6 「調査」を含む JCO 事故関連記事の事故後 1 ヶ月間の推移　48
図 3.7 「風評」を含む JCO 事故関連記事の事故後 1 ヶ月間の推移　49
図 3.8 JCO 事故関連記事の事故後 1 ヶ月間の報道パターン　52
図 3.9 JCO 事故関連記事で用いられた語句グループの出現状況　56
図 4.1 原子力発電の進め方（総理府世論調査）　64
図 4.2 あなたは，これからのエネルギー源として原子力発電を推進することに賛成ですか　66
図 4.3 原子力発電推進事業に関する世論の変化　67
図 4.4 原子力発電所の建設に対して　68
図 4.5 今後の原子力発電の推進について　69
図 4.6 原子力発電の必要度と重要度　71
図 5.1 日本の調査回答者の年齢分布　83
図 5.2 アメリカの調査回答者の年齢分布　84
図 5.3 フランスの調査回答者の年齢分布　84
図 6.1 連想評定値の平均値　94
図 7.1 原子力発電所が健康に与える影響の認知　102
図 7.2 核廃棄物が健康に与える影響の認知　104
図 7.3 高圧送電線が健康に与える影響の認知　105
図 7.4 エイズ（HIV）が健康に与える影響の認知　106
図 7.5 麻薬（ヘロイン・コカイン）が健康に与える影響の認知　107
図 7.6 石炭・石油による火力発電が健康に与える影響の認知　108
図 8.1 もしあなたの地域で電力不足の可能性に直面したら，電力供給のために新しい原子力発電所を建設することに対して，あなたは，「強く賛成」「賛成」「反対」「強く反対」しますか　114

図8.2	原子力産業は既存の発電所よりも安全な新世代の原子力発電所の建設が可能だという立場をとっている。もしそうだとすれば，国の将来の需要を満たすため，このような新世代の原子力発電所の建設に賛成である 115
図8.3	原子力支持的態度の3地域比較 126
図8.4	年代別に見る原子力支持的態度得点 128
図8.5	性別に見る原子力支持的態度得点 129
図8.6	政治的態度別に見る原子力支持的態度得点 130
図8.7	支持政党別に見る原子力支持的態度得点 131
図8.8	世帯の年間所得別に見る原子力支持的態度得点 131
図8.9	学歴別に見る原子力支持的態度得点 132
図8.10	子供の有無別に見る原子力支持的態度得点 133
図8.11	科学技術関連記事の月別報道件数(2000年) 153
図8.12	科学技術関連記事の曜日別報道件数(2000年) 153
図8.13	政府や産業界は，科学技術のリスクに対応するための適切な決定をしていると信頼してよい［政府が科学技術を利用することへの信頼度］ 158
図8.14	高度技術社会は，私たちの健康増進と住みよい社会のために重要だ［高度な科学技術の重要度］ 158
図8.15	科学技術の発達は自然を破壊している［科学を自然の脅威と見る程度］ 159
図8.16	私たちの世代の科学技術は，将来の世代にリスクを負わせることになるかもしれないが，私は彼らがうまくのりきってくれると信じている［科学技術の信頼度］ 159

表2.1	放射線の種類とおもな特徴 30
表2.2	吸収線量と線量当量 32
表2.3	臨界事故に伴う個人線量評価結果 33
表2.4	被曝線量と放射線障害の関係 34
表2.5	各臓器の放射線リスク係数（障害の発生する確率） 36
表2.6	JCO周辺で確認された放射性物質 37
表2.7	臓器に集まりやすい放射性物質 38
表3.1	JCO事故関連記事で用いられた語句のグルーピング 53
表5.1	日本における調査の回収率 81
表5.2	3ヶ国5地域の調査回答者：性別 82
表5.3	3ヶ国5地域の調査回答者：年齢 82
表5.4	3ヶ国学歴読み替え表 85
表6.1	「原子力」という言葉から連想されるもの 第1連想の頻度表 90
表6.2	「原子力」という言葉から連想されるもの 第1・第2・第3連想の合計頻度表 92
表6.3	連想評定値と主要独立変数の相関 95
表6.4	連想評定値と原子力に対する態度の相関 97
表8.1	原子力に対する態度の国内3地域比較 118
表8.2	原子力支持的態度因子に対する各設問の因子負荷量 125

表 8.3 リスクに対する一般的態度の3地域（事故当該地域，原発立地地域，都市部地域）比較　135
表 8.4 リスクに対する一般的態度の因子分析　138
表 8.5 リスクに対する一般的態度の2因子と個人属性との相関　139
表 8.6 社会的価値観の因子分析　143
表 8.7 社会的価値観尺度の3地域比較　144
表 8.8 社会的価値観の各因子と属性との相関　146
表 8.9 一般的なリスク因子に対する認知の国内3地域（事故当該地域，原発立地地域，都市部地域）比較　149
表 8.10 一般的リスク認知の因子分析　150
表 8.11 一般的リスク認知と属性変数との相関　151
表 8.12 科学技術関連の新聞記事　154
表 8.13 科学技術に対する態度と原子力支持的態度との相関　160
表 8.14 科学技術に対する態度とリスクに対する態度との相関　162
表 8.15 科学技術に対する態度と社会的価値観との相関　166
表 8.16 科学技術に対する態度と属性変数との相関　168
表 8.17 各態度・価値観因子変数の値のレンジ　174
表 8.18 3地域別に見た因子の比較　174
表 8.19 因子間の相関係数：3地域（事故当該地域，原発立地地域，都市部地域）にウエイトをかけて算出　178
表 8.20 各地域別に見た原子力支持的態度因子の重回帰分析　179

1
JCO事故の原因とJCOの体質

岡本浩一

1. JCO臨界事故の概要

　事故の経緯と背景に入る前に，事故の概要を見ておこう。
　JCO（ジャパンコンバージョンから改名）は，住友金属鉱山株式会社核燃料事業部東海工場が独立し，住友金属鉱山株式会社の100％出資子会社として設立された大手核燃料製造会社である。その東海村事業所で事故が起こったのは，1999年の9月30日である。株式会社JCOの転換試験棟で警報が吹鳴したのが午前10時35分だった。
　3人の作業員のうち，2人は重篤な被曝をしていた。壁一枚を隔てた場所にいたチーフは比較的症状が軽かった。JCOから科学技術庁に「臨界事故の可能性あり」とする第一報が入ったのが11時19分である。現地では，核燃料サイクル開発機構や原研那珂研究所が事故支援のための対策本部を設置する一方，東海村が350m圏内の住民を避難させ，茨城県が科学技術庁の助言により10km圏内の自宅屋内待避を勧告した。国では，有馬科学技術庁長官を本部長とする対策本部がおかれたが，通常は一度で終息する臨界が，継続していることがわかった後，小渕首相を本部長とする政府対策本部がおかれた。
　臨界の起こったタンクの中では，これまでの事故で一度で終息した臨界（核反応の連鎖）が二度起こり，しかも二度目の臨界状態が継続し，中性子線が出続けていた。ふつうは，一度目の臨界でウラン溶液が飛散して臨界が終息する

のであるが，この事故ではタンクの中で臨界が起こったためにウラン溶液が飛散しなかったこと，タンクが冷却水に取り囲まれており，ウラン溶液から発散する中性子が冷却水にあたり，ふたたびタンクの中に反射してウランにあたって連鎖を引き起こしていたことの2つが原因であった．臨界を止めるためには誰かが装置に近づき，冷却水を抜き取る必要があったが，それは，その人たち自身が中性子線被曝を確実なコストとして受け止めたうえでなければできないことだった．これを計画被曝というが，計画被曝による作業をJCOが行うか，自衛隊などの国の機関が行うかをめぐって，微妙なやりとりが，現地へ赴いた原子力安全委員会委員長代理とJCOの間であったことが伝えられている．結局，24人のJCO社員が，3人1チームとなり，1チームが最短で2分，最長で10分の作業をリレーのようにつなぎながら，この作業を行うことで，臨界を終息させた．

周辺住民で放射線による被曝があったと推定されるのは7人である．

作業に従事していたJCO職員2人は，20GyEq（グレイ・イクイバレント，p.33-34参照），10GyEqという，世界の原子力事故史上でもまれな重篤な被曝をし，高度な延命医療にもかかわらず，それぞれ，12月21日，翌2000年4月27日に亡くなった．そのほかに56人のJCO職員が有意な被曝をしている（計画被曝の24人は別）．

防災作業にあたった人たちのうち，東海村消防署員3人，サイクル機構，原研の職員57人の被曝が確認されているが，その被曝線量は，放射線業務従事者の被曝線量の上限値（当時50mSv（ミリシーベルト，p.33-34参照），現在は20mSv）を十分下回る値であった．

さらに居住距離に応じた被曝を一般住民が受けているが，一般公衆の被曝限度（年間1mSv）を十分下回る量であった．

放射性物質も若干生成されているが，事故調査委員会の評価では，環境に有意な影響はなかった程度と結論されている．

2．国際原子力事象評価尺度による評価

国際原子力事象評価尺度（INES）とは，原子力施設において発生した事

故・故障などの重大性を判断するために作成されたものであり，基準1（所外への影響），基準2（所内への影響），基準3（深層防護の劣化）の3つの基準により評価し，その最大値を使用することとなっている。JCO事故は，基準1がレベル4（法的限度を超える公衆被曝），基準2がレベル4（従業員が多量の被曝をしている），基準3が評価対象外と判断され，総合評価がレベル4となっている。

なお，チェルノブイリ原子力発電所事故はレベル7，スリーマイル島事故はレベル5，旧動燃アスファルト固化処理施設火災事故はレベル3，高速増殖炉もんじゅのナトリウム漏洩事故がレベル2である。

核燃料施設の臨界事故は，これまでにアメリカで8回，旧ソ連で12回起こっているとされている。それらの事故と比較すると，臨界規模（核分裂数 2.5×10^{18}）は上位から3位，臨界継続時間（20時間）は上位から2位と，どちらの基準によっても，かなり大きなほうであった。

3. 社会的影響

この事故の社会的影響は甚大なものがあった。

避難措置の勧告対象となったのは39世帯，10km圏の屋内退避措置の対象となったのはじつに31万人である。

農産物の安全性には実際何の影響もなかったが，風評による買い控えが起こり，大きな被害が出た。それらを含み，2000年3月の時点で補償の対象と認められた額は130億円に達している。この補償の当事者はJCOだが，実際には親会社の住友金属鉱山と，原子力損害賠償法による原子力損害賠償責任保険によってカバーされることとなった。

そのほかにも，補償の対象になりにくい風評被害，心理的被害などが多数出たとされる。

原子力行政に関する世論は事故直後の一時期，かなり硬化した。原子力発祥の地としての東海村の誇りは傷ついた。

とき，あたかも，ドイツ政権が，原子力離れを実施に移し始めた時期であったため，日本の原子力行政に対する懐疑的な論調が新聞などを占めた。

4. 原子力行政への影響

　JCO事故は，厳密に言うと私企業の引き起こした事故だが，世論はむしろ監督官庁の責任を問うこととなった。

　政府は10月8日に「ウラン加工工場臨界事故調査委員会」を発足させた。委員の任命は内閣総理大臣小渕恵三名によってなされた。委員の多くは，原子力業界，原子力行政にかかわる人たちが選ばれたが，委員長には中立な立場の日本学術会議会長が任命された。政府の重大な関心のあり方を示している。

　事故の経緯に鑑み，細かに見るといくつもの対応をしているが，行政上の大きな変更はつぎの2点になろう。

　まず第1に，原子力安全委員会の法的位置づけが変更となった。日本の原子力行政は，おおむね，促進方向の政策立案をする原子力委員会と，安全確保をチェックする原子力安全委員会によってなされている。原子力安全委員会は，従来は科学技術庁長官への諮問機関である「八条機関」と位置づけられていたが，現在では，内閣府に移され，人員的にも拡充が図られた。

　第2に，原子力損害賠償法が変更となった。従来は，JCOのような非発電機関の賠償責任は10億円が限度となっており，それを超える賠償金については，原子力損害賠償保険から支出することとなっていたが，その限度額が20億円に引き上げられた。

　両方とも，非常に大きな法改正であり，この事故の行政への影響の大きさをうかがわせるのに十分である。

　また，科学技術庁は2000年2月3日に，JCOに対する事業許可を取り消している。臨界事故の結果，ただちに事業許可を取り消しにした例は，海外でも事例がなく，海外の専門家からは，その迅速さに対して驚きの声があがった。

5. 会社責任者の立件

　事故からほぼ1年が経過した2000年10月11日，茨城県警は当時のJCO東海事業所長，元製造部長，元計画グループ長，元製造グループ職場長，元計画

グループ主任，元製造グループ副長（事故当時作業にあたっていた3人のチーフ）を業務上過失致死と原子炉等規制法違反の容疑で逮捕した。おもな容疑は，国に変更届をせぬまま，社内の保安規定に反した違法の手順を採用し，それを維持し，かつ，職務上必要な教育措置を怠った容疑であり，6人は容疑をおおむね認めた。

判決は2003年3月3日に言い渡された。JCOに罰金100万円，事業所長だった越島建三被告に禁固3年執行猶予5年，ほかの5人にも執行猶予付きの禁固刑だった。以上が事故の概要である。

以下に，事故に至るまでを詳しく見て，それ以後の章の理解のための雛形を読者と共有したい。

6. 臨界状態とは何か

核燃料物質は核分裂してエネルギーと中性子を放出する。中性子は，電荷がプラスでもマイナスでもなく，重さだけある粒子である。核反応が起こって中性子が放出されると，その中性子が一定確率で近傍の別の原子核にあたる。すると，そのあたった中性子が吸収されて，その原子核も核分裂をして，エネルギーと中性子を出す。その中性子がさらに別の核原子にあたる，というようにして，連鎖的に核反応がつぎつぎに起こり，中性子の損失と生成がつり合った状態を臨界状態という。

原子力発電は，この臨界状態を維持し，そこから出る熱（エネルギー）を利用して電力を作る装置である。したがって，原子炉の中では，臨界が起こっている。臨界状態を，暴走しないように管理し，電力を作っているのである。

したがって，当然ながら，その燃料である核燃料物質は，臨界状態になり得るポテンシャルをもっている。

原子炉以外のところで，臨界が起こるのは不都合である。そこで，核燃料が統制できない状態で臨界を起こさぬようにするために，取り扱いの基準と方法が定められている。それは，つぎに示す2つの原理に要約される。

7. 質量制限と形状制限

臨界安全基準は質量制限と呼ばれる基準と，形状制限と呼ばれる基準からなっている。

臨界反応は既述のように，核物質から出た中性子がつぎの核物質にあたるところから起こる。一度に取り扱う核物質の量が少なければ，中性子が近傍の原子核にあたる確率も低い。そこで，一度に取り扱う核物質の絶対量をある量以下に制限しておけば安全だという考え方が生まれてくる。ウランの場合，規定の濃度と濃縮度ならば，ウラン正味の量が2.4kgを超えなければ安全だということが理論的にも経験的にもわかっている。そこで，これを「1バッチ」と称し，一度に1バッチ以上取り扱ってはいけないという基準を遵守することとなっている。これが質量制限である。

核分裂で生じた中性子が隣の核物質にあたる確率は，核物質容器の形状が球形に近くずんぐりしているほど高い。逆に，形状が細長くなっていれば，中性子が隣の核物質にあたる確率が低くなる。そこで，核物質を細長い円筒形にして取り扱えば安全であるという基準が生まれる。これが形状制限と呼ばれるものである。具体的な形状制限は，取り扱う核物質の種類，それを液体で取り扱うのか固体で取り扱うのか，核物質の濃度（％），核物質濃度の均一性によって異なってくるので，それらの変数を代入して算出することとなる。一般には液体のほうが固体より臨界に達しやすく，濃度が高いほど臨界に達しやすく，濃度が不均一なほど（部分的に濃い部分が生じるため）臨界が起こりやすい。

臨界安全はこの2つの原則によって構成されるため，核施設や工程の設計や審査にあたっても，この原則にそって安全性が評価されることとなる。

8. 政府（科学技術庁）による，核施設の認可プロセス

図1.1に，事故時点までの核施設の認可プロセスの概略を示す（なお，このプロセスおよび原子力安全委員会の位置づけは現在では，変更となった）。要点のみ説明する。

8. 政府（科学技術庁）による，核施設の認可プロセス　7

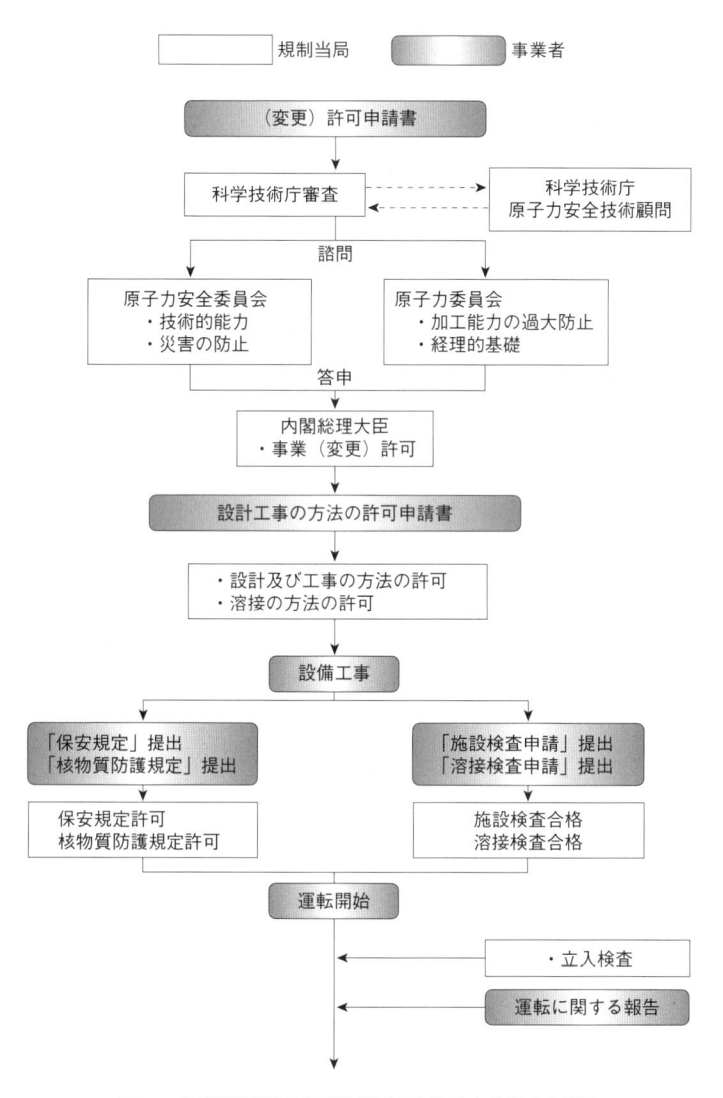

図1.1　核燃料物質加工事業に関する現行の安全規定の手順

事業許可申請が出されると，当該施設の事業許可如何につき，科学技術庁は，原子力委員会と原子力安全委員会に別個に諮問することとなっていた。この2つは，名称が似ているが，機能は大きく異なっており，おおざっぱに言えば，

原子力委員会が平和利用の促進方向から検討し，原子力安全委員会が安全面から審査することとなる。

この両者の審査が出そろうと，内閣総理大臣（現在では経済産業大臣）に答申され，事業者は，事業の許可にもとづいて設計と工事の方法について認可申請を行う。科学技術庁は，設計や工事の方法や溶接の方法について妥当であるかどうかを審査し，そこで初めて工事と事業が認可となる。工事が始まると，事業者は科学技術庁には設備検査申請や溶接検査申請を行い，検査を受ける。また，事業開始後に守るべき保安規定と核物質防護規定を提出し，審査を受け認可を得る。そして，運転が開始される仕組みになっていたわけである。

国は，このように，安全面については独立した審査機構と審査手続きをそなえていた。システム的に，経営圧などの影響を受けずに，安全性の審査がなされるような仕組みになっている。

9. 事故が起こった物理的要因

図1.2が，事故が起こったときの様子である。

事故は，この沈殿槽と呼ばれるタンクに，7バッチ以上のウラン溶液を入れたことによって起こった。事故が起こったのは，つぎの要因が重なったためとされている。

1. このときの溶液の濃縮度が，18.5％で，これは，通常の核燃料（5.5％）より高い濃縮度であった。5.5％の濃縮度の燃料であれば，濃縮度が低いので，臨界を起こそうと思っても起こらないくらいだと言われている。
2. 7バッチもの溶液を一度に扱うことは，質量制限違反である。質量制限は，1バッチだからである。
3. この沈殿槽の筒の部分の直径が45cmあった。この施設の場合，形状制限に適した容器の直径は約17.6cmであったと考えられている。この建屋の施設でも，この沈殿槽以外の装置（溶解塔と貯塔）は，形状制限に合致していたが，この沈殿槽だけが形状制限を課せられていなかった（理由は後述）。
4. 沈殿槽のまわりに冷却水があった。水は中性子を反射する性質をもって

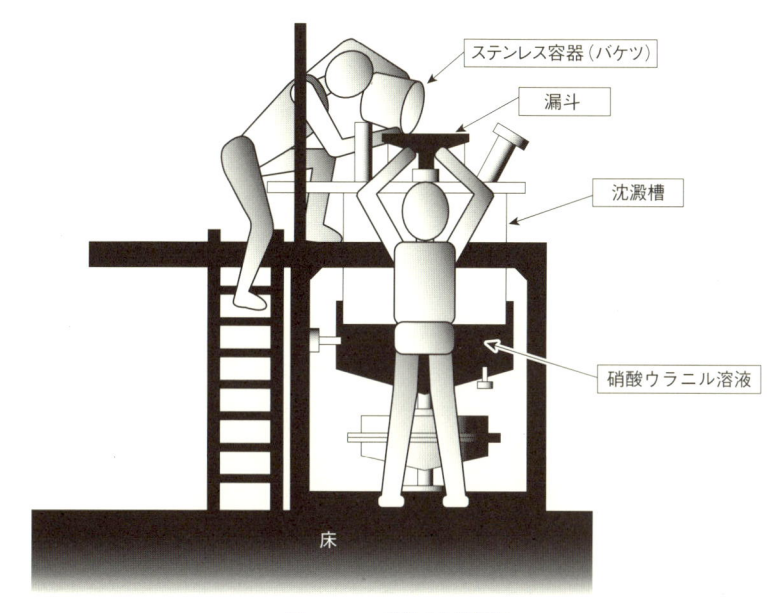

図1.2　JCO事故の作業状況

いる。タンクの中で発した中性子が，タンクを囲んでいる水にあたって，タンクの中に跳ね返るために，ウラン原子核にあたる確度が高くなったのである。

　事故が起こったとき，従業員のSさんとOさんは，この図のような配置で，タンクに溶液を入れていた。溶液を入れていたタンクの窓は，もともとそこから溶液を入れるための窓ではなく，タンクの中を覗くための窓であった。沈殿槽の本来の目的外の使用のため，無理にそこから溶液を注入したのである。Oさんは漏斗を支えていた。

　専門家には，臨界反応を助長した原因の1つは，この位置にOさんがいたことだろうと考える人が多い。Oさんの体に含まれている水素で中性子がタンクの中に反射し始めた（ファットマン・エフェクトと呼ばれる）のが最後の引き金だというのである。臨界が起こり始めたとき，Oさんの胃腸の位置に溶液があったため，中性子はまっさきにOさんの胃腸にあたったのである。

　Oさんは推定18GyEqという量の被曝をした。Sさんは推定12GyEqである。

Oさんは公衆の年間被曝許容量（1mSv）の1,800倍，放射線業務従事者の年間許容量（20mSv）の90倍，Sさんもそれぞれ1,200倍，60倍という重い被曝である。

10. 手順違反の積み上げ

調査によって，じつは，科学技術庁に届けのないままに，この建屋での製造工程が違法に何度も修正されていたことがわかった。そして，その積み重ねのなかで，小さな違反が累積し，今回の事故につながったと考えられるのである。

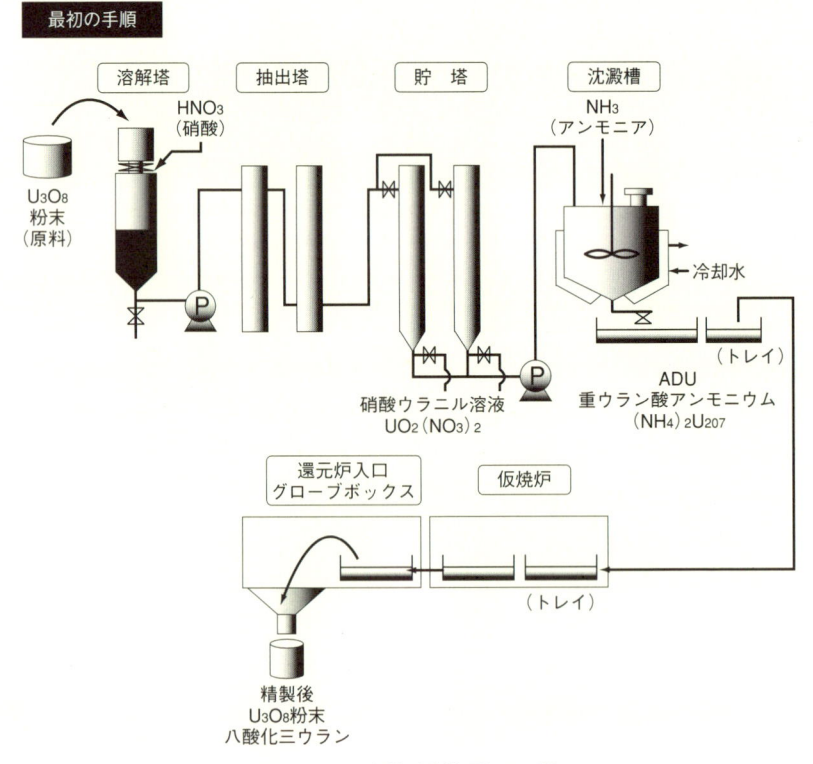

図1.3a　JCO転換試験棟 最初の工程

図1.3a〜図1.3eを参照しながらお読みいただきたい。5つの図は，この製造工程の変遷を図示したものである。

当初の工程

この工程図が，当初の認可の対象となった工程を示している。

あまり詳しい理解は，本書の文脈では不必要なので，筆者の理解に合わせてごく概略を述べる。

工程の目的は，粉末の八酸化三ウランを投入し，それを精製し，純度の高まった八酸化三ウランの粉末を得ることである。そのための装置が概略3つある。溶解塔，貯塔，沈殿槽がそれである。溶解塔は，八酸化三ウラン粉末を硝酸に溶かすための装置である。この装置で扱うウランの量は，1バッチずつである。さらに安全を期するため，溶解塔，貯塔には形状制限がかけられ，直径が細いことによって，万が一過剰なウランが投入されても臨界が起こらない設計になっていた。ただし，沈殿槽については，形状制限がかけられなかった。それは，この手順の工程では，沈殿槽に来るまでには濃度が相対的に均一化して臨界安全度が増すのと，もともと一度に1バッチの投入では，そのような心配がなかったからである。ただし，2.3バッチを投入しても臨界しない直径になっていた。1バッチずつしか投入しないことになっていても，局所的に量が重なることが考えられるので，設計全体が，2.3バッチで臨界安全であることが法的に要求されていたからである。この2.3という係数を安全係数と呼んでいる。

当初，この工程によって精製八酸化三ウランの粉末を作りたいとの認可申請が科学技術庁にあり，科学技術庁は審査のうえ，認可した。

この時点では，この装置で粉末の八酸化三ウランを製造し，粉末で納品していた。

液体ウランの納入

そのうち，納入先からの要求に変化があった。粉末の八酸化三ウランでなく，これを硝酸溶液にした硝酸ウラニルの形で納入して欲しいということになったのである。

この注文の変更に対して，JCOは，同じ工程でできた八酸化三ウラン粉末

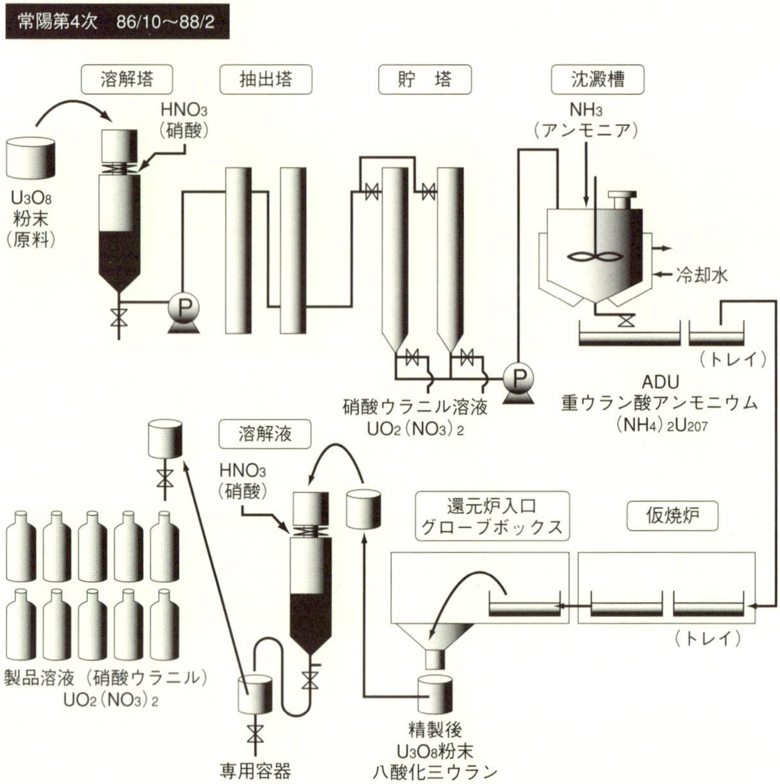

12　1　JCO事故の原因とJCOの体質

図1.3b　JCO転換試験棟 常陽第4次キャンペーンからの工程

を，もう一度，工程の初めで使用した溶解塔に投入して，そこで硝酸溶液に溶解することにした。その工程を，図1.3bに示す。

　溶解塔は，もともと，この工程前の未精製の八酸化三ウランを硝酸に溶かすための装置だったからである。溶解塔から出た硝酸ウラニルは，そのまま，4 ℓ のステンレス瓶に注入されるようになっており，納入は4 ℓ 瓶10本の40 ℓ を単位として行われるようになった。

　科学技術庁にJCOから，この工程の追加の認可申請があり，科学技術庁は審査のうえ認可した。溶解塔は形状制限がかかっている。とくに問題があるとは考えられなかったのである。

ステンレスバケツの使用とクロスブレンディング

　ところが，この手順に，1つ面倒な問題があった。

　精製した八酸化三ウランを溶解させる溶解塔は，工程のはじめに未精製の八酸化三ウランを溶解させた容器である。せっかく精製した八酸化三ウランを，未精製のものの処理に使用した容器に入れるためには，その容器をかなりたんねんに洗浄しなければならない。しかも，その洗浄に用いた水は核燃料物質を含むため，廃水処理をするにも，核燃料物質を除去する作業をしなければならない。それに時間と手間のかかることが問題として認識され始めた。

　そこで，93年1月の第6次キャンペーンから，この工程で溶解塔を使わず，ステンレスバケツを使う工程変更が考案された。精製された八酸化三ウラン粉末を，10 ℓ のステンレスバケツを用いて，硝酸に溶かすのである。バケツで溶かすというやり方では，なかなか均一に混ざらない。したがって，ステンレスのしゃもじのようなものを用いて，手作業で撹拌するということになった。このことで，相当程度の時間的短縮が得られたとJCOは説明している（ウラン加工工場臨界事故委員会資料3-11）。それでも，納入に適した均一濃度が得られなかったので，前段階で用いられていた4 ℓ のステンレス瓶を用いて，「クロスブレンディング」という工程が加えられた。図1.3c（次ページ）にその工程を図示する。

　10 ℓ のステンレスバケツで撹拌した溶液を，5 ℓ バケツを経て，4 ℓ 瓶10本にとり分ける。そして，11本めの4 ℓ 瓶に，それぞれの瓶から0.4 ℓ ずつの溶液をとって，これをいっぱいにする。同様に12本めの4 ℓ 瓶にも各瓶から0.4 ℓ ずつとる。この作業を繰り返すと，次第にそれぞれの瓶の濃度は均一に近づく。これがクロスブレンディングである。この作業を100回とか200回というオーダーで繰り返していたようである。

　10 ℓ のバケツにウラン溶液をとるのは，認可外であり，形状制限違反である。直径が太すぎるので，臨界を起こす可能性があった。それを4 ℓ の瓶10本にとって1ヶ所に置くのも，安全制限違反の可能性が大きい。このような場合，瓶と瓶の間隔を一定以上あけて床に対して固定しなければならないことになっているが，その固定はなされていなかった。

　したがって，この作業工程の変更は，保安基準を満たしているとは言えず，

14　1　JCO事故の原因とJCOの体質

常陽第6次　93/1〜93/6

溶解塔　抽出塔　貯塔　沈澱槽

HNO₃（硝酸）

NH₃（アンモニア）

U₃O₈粉末（原料）

冷却水

（トレイ）

硝酸ウラニル溶液 UO₂(NO₃)₂

ADU 重ウラン酸アンモニウム (NH₄)₂U₂O₇

製品溶液（硝酸ウラニル）UO₂(NO₃)₂

ステンレス容器（5L）

HNO₃（硝酸）

還元炉入口グローブボックス

仮焼炉

（トレイ）

ステンレス容器（10L）

精製後 U₃O₈粉末 八酸化三ウラン

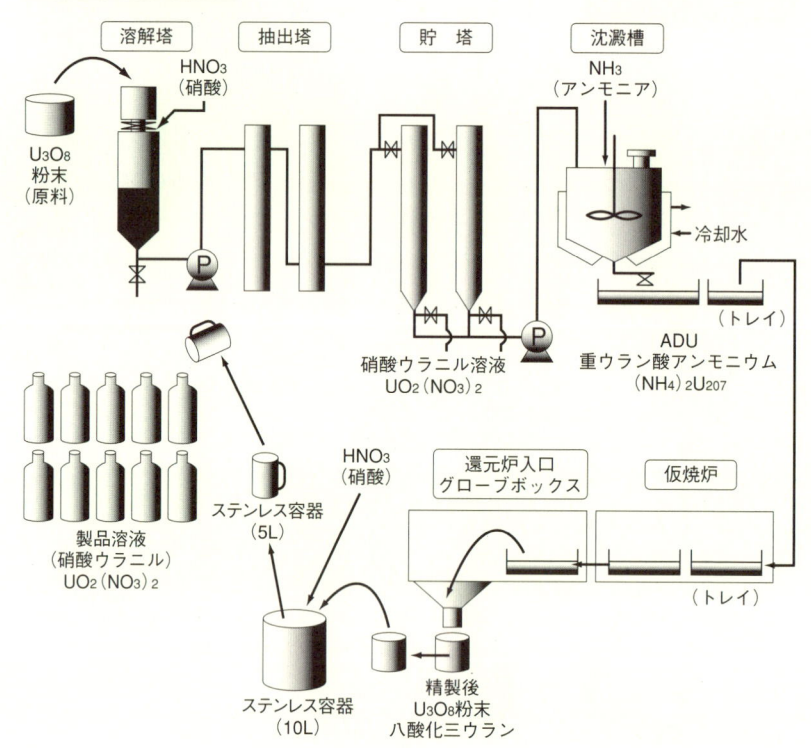

図1.3c　JCO転換試験棟 常陽第6次キャンペーンからの工程

とうてい認可などされ得ないものであった。このような工程変更は科学技術庁の承認を得なければならないことになっているが，JCOから科学技術庁への届け出はなされなかった。

最初の溶解作業へのステンレスバケツの使用

　工程手順違反はさらに続いた。図1.3dをご覧いただきたい。
　この前の手順変更によって，ステンレスバケツを使用すれば，溶解塔の洗浄が省略できることを経験した。それがさらに応用され，工程のいちばん最初の粉末八酸化三ウラン粉末の硝酸への溶解にも，同型のステンレスバケツが使用

10. 手順違反の積み上げ　15

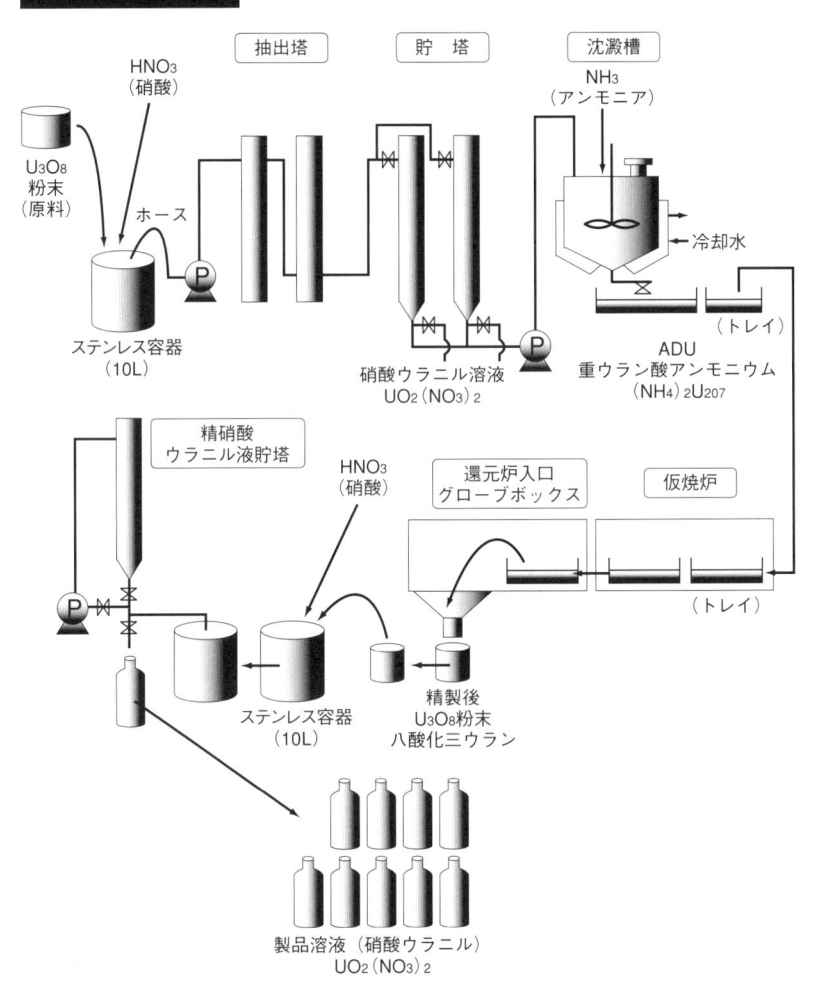

図1.3d　JCO転換試験棟 常陽第7次キャンペーンからの工程

されることとなった。95年10月の常陽第7次キャンペーンからである。この工程変更によって，溶解塔はまったく用いられなくなった。さらに，もう1つの変更が加えられる。精製された八酸化三ウランをふたたび硝酸に溶解する後

の工程に，貯塔が使用されることになったのである。

貯塔はもともと2本あり，そのうち1本が図の正規の装置で用いられていたが，もう1本は用いられていなかった。そのあまっていたほうの貯塔の上部と下部を仮配管でつなぎ，送液ポンプを用いて溶液を循環させる改造を施した。そして，この貯塔が形状制限を満たしていることを悪用して，質量制限違反の6バッチないし7バッチを循環させる工法が常態となった。そして，貯塔から抽出した溶液をクロスブレンディングすることになったわけであるが，すべてクロスブレンディングしていたやり方と比べて，この違反措置によってさらに時間の短縮が得られたとJCOは事故調査委員会に対して報告している（ウラン加工工場臨界事故委員会資料3-11）。

この工程も，もちろん臨界安全基準違反である。とくに，最初のステンレスバケツによる溶解は，後の溶解よりもさらに危険が高い。濃度の均一性が低いからである。さらに，この工程で，質量制限違反の6バッチ処理が，このつぎの最終的な危険に向かう一過程として，隠れた危険性を秘めていたのである。

この工程は，96年11月に終わった常陽第8次キャンペーンまで用いられた。第8次キャンペーンの後，「もんじゅ」のナトリウム漏れ事故が起こった。事故を起こした動力炉・核燃料開発事業団（動燃）は組織替えとなり，高濃縮度燃料を用いた実験がしばらく凍結されることとなった。それにともない，実験用の高濃縮度ウラン燃料の需要が途絶えた。注文が途絶えた3年間，この施設は使用されることがなく，また，この間，大幅なリストラ（後述）が行われたため，これらの作業を担当していた人が去り，この作業に関する知識すら失われることとなった。

事故につながった工程

図1.3eに，今回事故に至った工程を示す。

99年9月に，3年ぶりの注文があった。

この製造作業にあたることとなった「スペシャルクルー」の3人は，いずれも，この作業は初めてだった。経験者はおらず，限られた情報でこの作業を行わなければならなかった。

この作業の手順を検討するうち，スペシャルクルーのチーフは，精製後の八

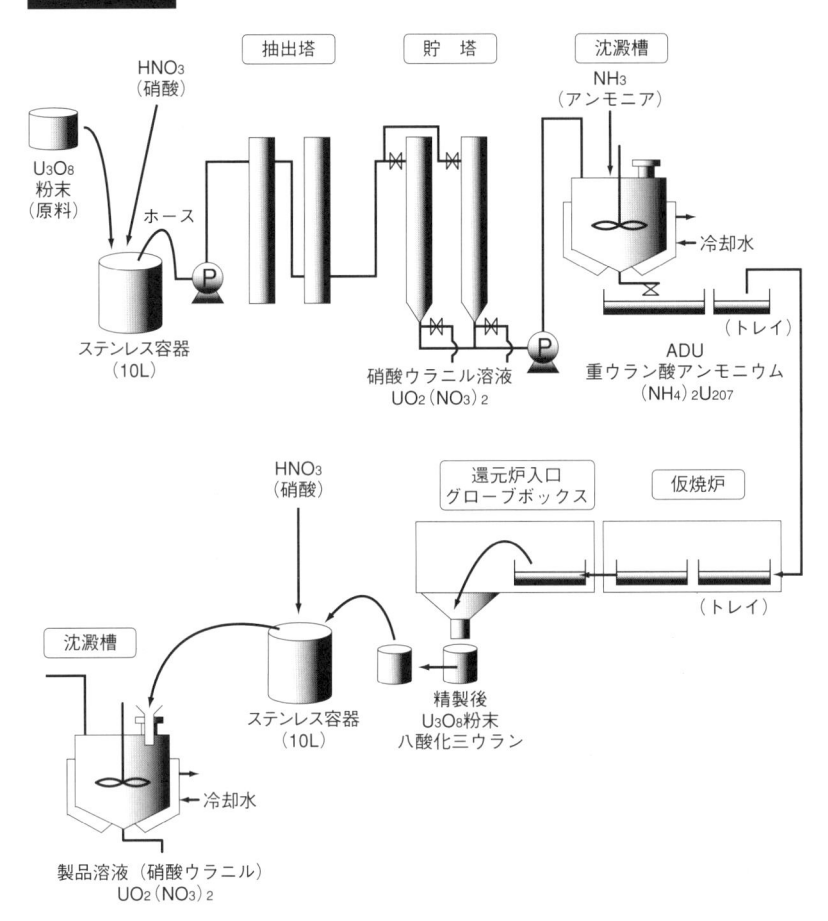

図1.3e　JCO転換試験棟　事故時の工程

酸化三ウランの溶解を，貯塔ではなく沈殿槽で行うほうがよいのではないかと考えたらしい。沈殿槽のほうが溶解速度が早く，貯塔を用いるよりもさらに時間の短縮が期待できたという（ウラン加工工場臨界事故委員会資料3-11）。このチーフは，作業前日の29日に，別の指令系統の核燃料取扱主任に，沈殿槽に7バッチの溶液投入を行って大丈夫だろうかと尋ねたとされている。そして，

翌日に，その核燃料取扱主任から，内線電話で「大丈夫だろう」との返事を受けたと，茨城県警などに対して答えている。

とにかく，このような経緯から，最後のキャンペーンでは，精製された八酸化三ウラン粉末の硝酸溶液を，沈殿槽に投入することになった。沈殿槽は半径が45センチで，形状制限がかかっておらず，2.3バッチ以上投入すると臨界する可能性があった。そうして実際に7バッチめを投入している最中に臨界が起こったのである。

11. 違法手順が生じた過程の問題点

一連の違法手順のなかで，理論的には，初めてステンレスバケツを用いた93年の工程で，臨界が起こる可能性があった。それが，たまたま起こらなかっただけという状態で，工程は次第に危険度の高いものに変容していったのである。

JCOは，一連の手順の変更について，会議で決定していたと見られている。稟議も少なくとも一部は残っている。

会議に出席していた人たちは，それが違反であることに気づいていた（危険性の認識は薄かったのかもしれない）。

事実，これら会議の議事録が，実際に話されたとおりの議事録と，科学技術庁に提出するための議事録とが別々に作成されていたことがわかっている。そして，科学技術庁向けの議事録からは，この工程変更の部分が削除されていた。議事録の二重帳簿が作成されていたわけである。

この工程変更を承認する稟議書に印をついている人のなかには，核燃料取扱主任者の免許をもっている人もいたことが確認されている。そして，これら一連の工程変更が科学技術庁に報告されたことはまったくなかった。

このように見てくると，JCO事故は，起こるべくして起こった事故であるだけでなく，組織的な違反という側面をもっていることがわかる。

そして，後に見るように，このような違反と隠蔽の累積は，この転換試験棟だけでなく，この会社のいたるところに見られ，意志決定と企業風土によって支えられていたのである。

12. JCO の経営的背景

　核燃料の世界は，じつは，激しい国際競争の世界であり，日本のマーケットにおける国内メーカーのシェアは，50％内外であった（今はもっと低い）。日本の核燃料メーカーの主要な競争者はアメリカの核燃料メーカーであり，従来から，価格をめぐる激しい競争が繰り広げられていた。

　JCO は 1979 年に住友金属鉱山を 100％株主として設立された会社である。前身は，住友金属鉱山核燃料事業部東海工場であった。主要な製造物は，通常の商用発電用の軽水炉が使用する低濃縮度（5.5％）の核燃料で，それが，JCO の屋台骨であった。JCO はそのための加工施設を 2 つもっていた。事故が起こった高濃縮度の核燃料は，実験用のもので，利益率は高いものの，会社としてはマイナーな仕事だった。JCO は核燃料メーカーとしては国内最有力の 1 つだったが，1993 年に経営のピークを迎えた後，生産量，売り上げ，ともに下降を始める（図 1.4）。

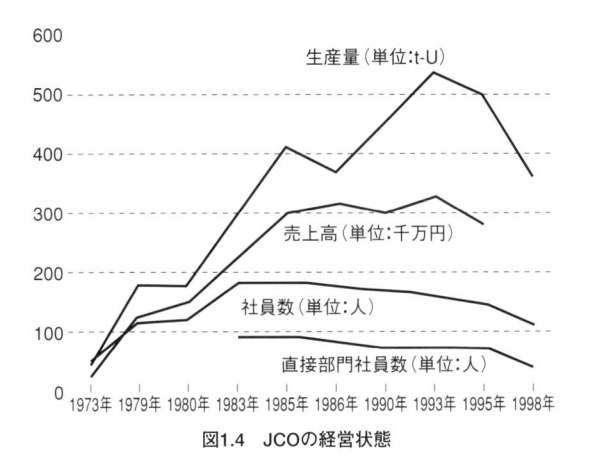

図1.4　JCOの経営状態

　ウラン燃料の製造方法は，大きく，ウェット法とドライ法に分かれるとされる。ドライ法のほうが製造コストが安く，アメリカのメーカーではこれが主流だとされる。日本のメーカーは，当時どこもウェット法を用いていた。JCO

はドライ法への転換を検討していたと当時の木谷宏治社長が答弁しているが，製造コストの高いウェット法をまだ用いていた。このことも経営が下降し始めた1つの要因とされる。

ウラン加工工場臨界事故調査委員会資料2-5によってJCOの経営を概観しよう。

JCOは，1993年に32億7,600万円の売り上げをマークしたが，その後，悪化し，1998年には売り上げが17億2,300万円にまで下がっていた。営業収益は大幅に低下しており，実質赤字になっていた。営業外収益（主として資産の賃借）が大幅に増加しており，収益が副業に大きく依存していた。ただし，資産的には流動性が確保されており，経営の圧迫度は低かったと考えられる。短期の資金繰りについても，借入先から見て問題化する恐れはなかった

収支の悪化を受け，JCOは，大がかりなリストラ（JCOではリエンジニアリングと称していた）を1996年から開始していた。

リストラは，直接部門に重くかかっていた。例えば，1996年以降，直接部門の人員は68人から38人へと大きく減少したのに，間接部門は77人から72人に減っただけという小さな減少にとどまっている。軽水炉用の燃料施設（第1加工施設，第2加工施設）では，リストラに着手した1996年には48人であったものが，1998年には20人に減少している。この間，これら施設の年間生産量は495tウラン（年あたり）から374tウラン（年あたり）に減産しているが，1人あたりの生産量は年，10.3tウランから18.7tウランへと80％ほども上昇しているのである。

このようなことが，一連の工程変更の原因にどの程度なっているかどうかはわからない。けれども，このようなことのために醸し出される社内の空気が，違反を促進した可能性が高いものと考えられる。

13. スペシャルクルー

今回の事故が起こった作業に従事していたのは「スペシャルクルー」と呼ばれるチームだったが，このチームは，通常，ウラン再転換を行う工程に携わることはないチームだったことがわかっている。

このグループは，通常，5人のグループ（リストラ後に3人から5人に増員されたが業務はそれにともなう以上に増加している）である。主たる業務は，軽水炉ラインの仕事，排水処理工程の運転，クリーニング液の処理（濃縮度切り替えの際のクリーニング廃液，粉末の処理），固体廃棄物の処理，30Bシリンダーの5年定期検査などであり，ウラン再転換を行う工程にかかわることはないとされている。今回が3年ぶりの高濃縮度燃料の製造だったこともあって，スペシャルクルーがこの作業に携わったものと考えられる。

　このこと，さらに，ほかの資料などから見て，事故を引き起こしたスペシャルクルーの3人が，臨界を含む核物質の取り扱いの注意について十分な教育を与えられていなかったことはほぼ確実である。JCOは，「オン・ザ・ジョブ・トレーニングで教育していた」と回答しているが，オン・ザ・ジョブ・トレーニングとは，仕事をしながら必要に応じて教えることであり，この回答そのものが，臨界教育が不十分であったことを示している（ウラン加工工場臨界事故調査委員会資料2-5）。

14. 臨界事故のまとめ

　まとめると，おおむね，つぎのような事故に至る姿が描かれる。

　JCOが，実験用の高濃縮度のウラン燃料の製造を始めたのは86年である。JCOの主力製品は実用炉用の低濃縮度核燃料で，こちらは年に715tウラン生産しているのに対し，実験用高濃縮度の燃料は，年間3tウラン前後と生産量も少なく，圧倒的にマイナーな製品であった。86年から92年まで，納入形態が粉体から液体に変わり，そのために溶解塔を再度使用するという工程追加はあったものの，科学技術庁の認可のもと，合法的な工程で，高濃縮ウラン燃料の生産が行われた。

　1993年をピークに，JCOの経営が悪化し始める。軌を一にして，この年，この高濃縮度燃料の再溶解に，ステンレスバケツが使用されるという「工夫」が導入されることとなる。このとき，科学技術庁，原子力安全委員会には工程変更の届け出をしないまま，この新しい工程を開始することが決められるが，この工程はすでに，臨界の危険を含むものであった。

さらに、工程には「工夫」が追加され、そのたびに、臨界安全がより強く冒されるようになっていた。リストラが開始された96年には、貯塔を再溶解に使用し、しかも、貯塔の形状制限を利用して、質量制限違反の7バッチを投入するという工程が編み出されている。そして、今回の99年、貯塔ゆえの質量制限違反の7バッチを、形状制限のかけられていない沈殿槽に対して行ったため、とうとう臨界が起こったのである。

いちばん最初の工程違反のステンレスバケツの使用は、硝酸にウラン手作業で溶かすのであるから、被曝の危険、不快な臭い、皮膚や粘膜の荒れなど、可視的な健康問題もあったはずである。

この一連の工程変遷では、臨界安全も冒されていたが、そのような従業者の安全も損なわれていた。それが背景であるとは断言できないが、事故にかかわった作業員は、ふだん、この種の作業をしないスペシャルクルーであり、事故が起こったとき、線量フィルムすら装着していなかった。

このようなことを一連のこととして概観してくると、この組織がそもそも安全を軽視するような素地をそなえていた可能性が感じられる。

以下では、そのような観点から、この組織のあり方を検討することとしたい。

15. 長期間にわたる違反の蓄積

JCOの主要製品は、在来の原子力発電用の低濃縮度核燃料（濃縮度5.5％未満）であり、事故のもととなった高濃縮度の核燃料製造は、マイナーな仕事だった。そのため、この仕事の臨界安全性が軽んじられる傾向になったのは、すでに見たとおりである。

ところが、JCOは、本来の仕事である低濃縮度核燃料の製造にあたっても、数々の違反を冒し、その違反を積極的に隠蔽してきたことが、わかっている。そこには、この会社の体質とでも言うべき問題が横たわっている。そのような観点から、臨界事故の直接原因以外の要素を少し見てみよう。

事故のあった転換炉で、「クロスブレンディング」という違法工程が始まったのが1986年10月である。翌年1987年に、事業所の施設全般についての法

令違反の実情調査が行われた。調査のとりまとめにあたったのは，当時品質保証部長であった越島氏である。その調査の結果，加工事業許可にない工程を実施していたり，認可を受けていないウラン貯蔵容器や仮配管，形状制限違反の装置などがあるとの報告がなされた。そのとき，違反設備などを順次減らすことが検討されたが，すぐには間に合わないので，当面は，科学技術庁の立ち入り検査にそなえるため，このような設備などを登録して，立ち入り検査直前の移動がしやすくなるようにすることが決定された。このとき，社内の安全専門委員会が保安規程どおりに開催されず，原子炉等規制法にもとづく許認可を受けた内容を安全専門委員会に諮らずに変更されているのを問題視する発言も社内でなされたが，結局，そのような声は取り上げられず，この時点で違反状態の解消に向けた努力がなされなかった。

1991年4月，東海事業所からの工場排水を太平洋に投棄するための専用埋設管に亀裂が生じていることが判明した。その亀裂部分の特定および修復のために東海事業所の操業を停止せざるを得ない事態となったことから，東海事業所では，当時の（A）副事業所長が中心となって，被告人会社の「事業基盤を揺るがしかねない事態」を洗い出して検討を行った。その際，被告人越島は（A）に対し，『ウランの加工作業等に関して許認可違反行為があり，それが発覚した場合』等と記載した書面を提出し，違反設備等がいまだに残っていること，またそれが発覚した場合には同事業所に重大な事態を招きかねないことを報告した。越島氏は，さらに，（A）の後を引き継いで副事業所長となった（B）に対しても，上記1987年の調査結果を報告するなどしていたことから見て，違反の存在とそれら違反の危険性については正確な認識をもっていたものと考えられる。それにもかかわらず，違反解消のための本来の努力はなされなかったのである。

1992年4月になって，やっと，社内に「危機管理委員会」が設置された。この委員会の委員長は，事業所長で，ほかに，副事業所長，核燃料取り扱い主任者，総務部長，安全管理室長が委員になっていた。ところが，委員会は設置されたものの，違反状態を解消するための努力はまったく払われなかった。

1992年8月，副事業所長（B）が「危機管理（基本資料）（秘）」と題する文書を作成している。その文書では，臨界事故に言及し，「その発生確率は低い

ものの，発生した場合の最悪ケースとして，従業者は被曝し，顧客の原始原料サイクルが停止し，行政からは許可を取り消され，住民からは拒否され，影響度合いとしては極めて強く，事業不能となる」という指摘をしている。

ところが，転換棟の作業で，ステンレス製のサスバケツによる再溶解という新しい違反工程が導入されたのは，この直後の1993年1月からなのである。

1994年6月，危機管理委員会の事務局を，当時の安全管理室が引き継ぎ，違反の各項目ごとに取り組み状況がまとめられた。ところが法令安全協定違反の項目については，対応部門および主任者が決められただけで，対応不備な点のリストアップも，是正措置の検討も行われなかった。

1994年7月，当時の(C)事業所長が，事故及び故障対応について7月中にまとめるよう指示をした。ところが，同年7月に技術部長に就任した越島被告を含め，違反解消のための検討は何も行われなかった。

転換試験棟で，製品の再溶解に用いていたステンレスのサスバケツを，工程の最初の初頭溶解にも用いるという形の，工程違反のエスカレートが起こっているのはその1年あまり後の1995年10月である。

1997年10月に，社内の「経営連絡会」が開かれた。その席上，事業所長であった(C)が「危機管理の見直しについて」という文書を提出し，「JCOでは，平成4年に15のテーマを選定して危機管理対策を推進していたが，小生のファイルから95/1/11に受けた書類が最後になっている。それから，2.5年以上経過してしまっており，この間，責任者が交替したり，リエンジを行い，組織も変わったりして危機管理が受け継がれているか疑問にも思われるので，この機会に一度復習する事も有意義ではないかと思う」と主張した。それを受けて，法令違反，安全協定違反については，被告人越島が担当となり，危機管理全体については，被告人越島，同加藤，及び当時の総務部長が担当となり，それぞれ各担当事項を見直すこととなった。けれども，結局，被告人越島らは何らの活動も行わなかったのである。このように，東海事業所では，危機管理の検討をまったく行っていなかった。そうした状態が臨界事故の起こった1999年9月まで継続したのである。

16. 企業体質・意志決定風土の問題点

　このように，JCOでは，少し概観しただけでもこれだけの経緯があった。これらの違反等は，あの臨界事故の直接原因ではなかったものの，これらの背景にある法人の体質なり企業風土が背景因となって，臨界事故が起こったと見ることができる。

　ここに，これらの経緯からうかがわれる企業風土上の問題を整理してみる。

1. まず，低濃縮度の施設においても，そもそも，工程違反，認可違反装置があったということ

　　このこと自体が，大きな問題である。原子力燃料の製造は，設備も装置も，それ以外の人的要素も，国の許認可のもとにおかれており，装置の変更はもちろん，工程の変更にも認可や届け出が必要である。それが，早い時期から軽視されていたことがはっきりとうかがわれる。JCOという組織全般の問題として，安全意識と遵法意識の両方に欠陥があったことがわかる。

2. 問題の解決に取り組まずに，隠蔽のほうに意志決定がなされたこと

　　昭和62年の実情調査が何をきっかけとして着手されたか不明だが，とにかく，調査が行われ，膨大な違反が，装置，手順の両方で確認された。ところが，この調査の結果が，違反の是正という方向ではなく，科学技術庁の立ち入り検査に対する隠蔽のための違反設備などの登録などという方向に動いている。問題解決の努力をしたけれども間に合わないのでやむなくそうしたというのではない。むしろ，ほとんど最初からそのような方向の意志決定がなされている。しかも，文脈と作業の規模から判断して，1人の発意ではなく，上層部のミーティングを経た集団意志決定があった。このことは，この組織の「体質」として，安全意識や順法精神が欠けている可能性を強く感じさせる。

　　それだけではない。意志決定の過程に関する手続きや慣行が，問題の解

決や短期的に採算の悪い提案に対して不利に働く形になっていたことが考えられる。

とくに，(C) という人物が，何度も問題を提起しているのにかかわらず，結局，改善が行われなかったことを見ると，たんに風土の問題だけではなく，この種の発言を圧迫する要因のあったことが推定されるのである。

3. 社内の安全専門委員会の軽視

法人設置当初，安全管理室という名称の部署が設置された。それは東海事業所長に直属し，製造部，技術部などの部署と並列して位置づけられ，安全管理を担当していた。室長には，JCO内で臨界管理の第一人者をあてていた。ところがその後，臨界管理の専門家を他社に出向させたまま，臨界管理の専門家を新たに採用することも，また，育成することも怠っていた。

違法装置や違法工程への対処を見ても，そのために，安全管理グループとは別に危機管理委員会を設置している（1992年）。組織としての意志が，初めから抜本的に問題の解決をしようということであれば，安全管理グループでそれを行えば十分であったように考えられる。それにもかかわらず，あらたに危機管理委員会を設置したのは，その意図が，安全管理とは別の原則で，「危機管理」をしようということであった可能性がうかがわれる。

1997年8月の組織改編に際し，「安全管理室」の名称が「安全管理グループ」に改称された。その際，技術部と横並びで組織図上同等だった位置から，技術部内の1グループへの格下げが行われている。そのうえ，リエンジによる人員削減，管理職削減の一環として，安全管理グループ長が品質保証グループ長を兼任することとなった。また，安全管理グループ長の直属上司は技術部長という形になっていた。それだけではなく，安全管理グループの社員全員が品質保証グループ員を兼務することとなり，組織上も，安全管理と品質保証の役割の分離が行われないこととなった。そのうえ，安全管理グループには，核燃料取り扱い主任者免状有資格者など，臨

界に関する知識のある者が配置されない状態になった。さらに，現場の作業員が実際の加工施設の各設備・装置を操作してウランを加工する際の拠り所となる作業手順書，プロセスパラメーターシートなどの文書も安全管理グループの審査対象からはずされるなど，社内において役割が形骸化していたことを検察冒頭陳述書は指摘している。

4. これらの隠蔽などを指揮した人物が昇進していったこと

一連の隠蔽作業などを指揮したのは，越島氏である。彼は，1989年6月1日から1999年7月1日まで，核燃料取り扱い主任者として，JCO東海事業所における核燃料物質の取り扱い関して保安の監督を行う業務についていた。1994年7月10日から，事業所技術部長をつとめ，臨界事故直前の1999年6月には東海事業所長に昇進している。

一連の隠蔽などを主張し，主導したのが彼だということは，社の上層部も周知のことだったはずである。それにもかかわらず，この人物がこのように昇進を重ねたことは，とりもなおさず，隠蔽の指揮が役職者としての欠格事項とはみなされなかったことを意味する。そのことを考えると，非がこの1人の人物にのみあるのではなく，このような人物を必要とし，またこのような人物によらなければ維持できない企業風土があったことが問題なのである。

5. これらの状況が内部でもまた外部に対しても告発されなかったこと

内部では，検察冒頭陳述書で「C」と呼称される人物が何度かかなり強い警告を発している。それにもかかわらず，JCOは違法作業などを改めることがなかった。ただ，第1建屋，第2建屋では，科学技術庁の立ち入り検査に備えて機器を移動させることがマニュアル化していた。このことは，当然，ある程度の人数の社員などの気づくところになっていたことが想像されるが，それにもかかわらず，長年にわたって外部にそのことが告発やリークの形で漏れることがなかった。企業行動として考える場合，申告行動こそがむしろ例外的な行動であることは自明であるとしても，これほど長いあいだ，隠蔽が維持されたことは特筆するべきことである。密着

しすぎた労使関係や，競争的な労使関係（例えば，プロパー社員と出向社員などが，愛社精神や貢献度を競うような形）など，システマチックな要因のある可能性も否定できない。

17. 結語

　JCO事故は，原子力燃料という特殊な分野の事例であるが，こうして見てくると，その事故が起こった経緯には，原子力ゆえの特異性はほとんどない。むしろ，他の工学部門などでも起こり得る組織違反とそれを許容・助長する風土・体質の問題が大きいと考えられる。そういう意味で，現代の日本の産業界に起こり得る問題の1つの典型例であると考えられる。
　大きな組織違反の隠蔽には，その隠蔽による自己選択的過程が成長するプロセスのあることが多い。
　ある重大な組織違反があり，その違反が組織の上部の一部で承認され，かつ隠蔽されているとする。そうすると，「組織に忠実な人」の定義が，「その隠蔽に荷担する人」というように変質していく。その結果，その隠蔽に反対する人は，上層部から除外されたり，上層部への昇進を遅らされたりすることになる。はなはだしきに至っては，2人いる昇進候補者のうち，たとえ反対意見があっても昇進させたいほうに上層部がそっと問題を耳打ちし，「あいつには，誰それがすでにうち明けた」というのが理由となって昇進したりするということが起こり始める。そうなると，この隠蔽されている違反が，昇進への登竜門として機能することになる。皮肉なことだが現実である。
　違反がそれを助長する人を生み，そのような人がさらに違反を拡大させる。人事と違反の悪循環が起こるのである。
　JCOの事故に至る十数年のプロセスを鳥瞰すると，このようなプロセスが成長していたと考えざるを得ない。このように見てくると，発生当初の「突然起こった原子力事故」という印象は事実を反映していないことがわかる。わが国原子力史上で最悪の事故はこうして起こったのである。

2
臨界事故の周囲への影響

石川正純

1．はじめに

わが国で初めて起こった臨界事故は，日本中に様々な影響を及ぼした。この章では，JCO臨界事故による影響を可能な限り丁寧に説明する。臨界事故の影響を理解するためには，放射線に関する知識を必要とするので，その基本的な内容について説明した後に，事故影響の説明をしていくことにする。

2．放射線の基礎知識

(1) 放射線と放射能

まずはじめに，東海村で起こったJCO臨界事故の全容を理解するためには，「放射線」と「放射能」の区別が必要である。臨界事故が起こった当初，テレビや新聞報道では，「放射能漏洩事故」と報じられていたが，その後は「中性子線漏洩事故」や「放射線漏洩事故」といったように報道されている。放射線事故関連の報道のなかには，「放射線」と「放射能」を混同している記事も見受けられるが，今回に限っては，どちらも正しいと言える。というのも，今回の臨界事故では「放射能漏洩事故」と「放射線漏洩事故」が同時に起こっていたからである。

読者のなかには「放射線」とはいったい何なのか？，「放射能」との違いは

何なのか？という疑問をもっている方も少なからずいるだろう。少しだけ解説すると，「放射線」とは，電離能力のある電磁波と粒子線の総称であり，「放射能」とは放射線を放出する能力または放射線を放出する能力がある物質を意味する。したがって，「放射線漏洩事故」とは，事故現場から放射線が放出されている状態を指し，「放射能漏洩事故」とは，放射線を出す物質が周辺に散逸している状態を指すのである。

(2) 放射線の種類

表2.1に示すように，放射線の種類には様々なものがある。電離能力のある電磁波として代表的なものにγ線・X線があり，粒子線として代表的なものにα（アルファ）線・β（ベータ）線・中性子線がある。後述するが，それぞれの放射線にはそれぞれに特有の性質があり，生体へのダメージの与え方が異なる。

表2.1 放射線の種類とおもな特徴

放射線の種類	放射線の実体	物質との相互作用	ダメージの範囲
α線	ヘリウム原子核	強い	狭い
β線	電子	中程度に強い	やや狭い
γ線・X線	光子（電磁波）	弱い	広い
中性子線	中性子	弱い	広い

(3) 放射線のエネルギー

放射線は物質と様々な相互作用を起こしながらそのエネルギーを失い，放射線がエネルギーを失った分だけ，生体や物質にダメージを与える。放射線がエネルギーを失う過程は，放射線の種類によって異なるため，生体へのダメージの与え方にも違いがある（図2.1）。

α線は物質との相互作用が強く，生体内では数〜数十ミクロンの範囲でそのエネルギーをすべて失う。したがって，α線を放出する放射性物質が付着した場合，皮膚や粘膜などが大きなダメージを受けることになる。

β線は物質との相互作用が中程度に強く，β線のエネルギーにもよるが，生体内では数cmから数十cmの範囲でエネルギーをすべて失う。したがって，β線が付着したり，生体内に取り込まれた場合，数cmから数十cmの範囲がダ

メージを受ける。

γ線・X線は物質との相互作用が比較的弱く、エネルギーの低いγ線・X線を除いて、ほとんどが生体を突き抜ける。ただ、突き抜ける過程で相互作用を起こすため、まったくダメージを受けないというわけではない。また、この突き抜けやすい性質のために、γ線・X線を遮蔽することは難しく、自然から受ける外部被曝のほとんどがγ線によるものである。

中性子線はα線やβ線と異なり、電気的に中性な粒子線である。そのため、α線やβ線とはまったく異なった相互作用を起こす。中性子線が生体に及ぼす相互作用には、生体中の水素原子をはじき飛ばす「陽子反跳」と、生体を構成する原子との「核反応」があげられる。中性子線は軽い元素（水素など）との相互作用でエネルギーを多く失うが、重い元素（鉛など）との相互作用ではあまりエネルギーを失わない。したがって、鉄や鉛に対しては比較的透過力が強いので、遮蔽にはパラフィンなど水素を多く含む材質を用いる。

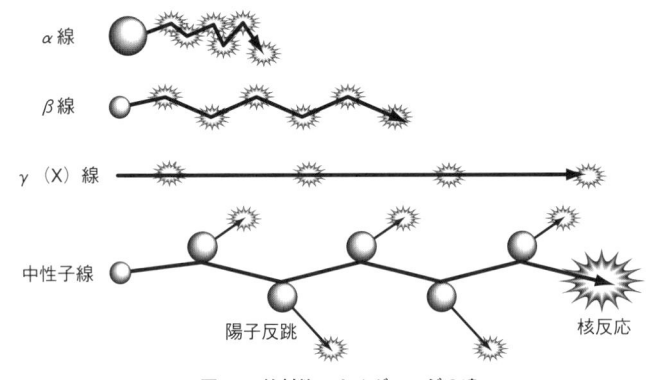

図2.1　放射能によるダメージの違い

（4）被曝量の単位

放射線の被曝量は、線量という言葉で表現される。線量には物理的に取り扱いが容易な吸収線量（Gy：グレイ）と、生物学的な効果を含めた線量当量（Sv：シーベルト）がある。吸収線量は生体組織1kgあたりに吸収されたエネルギー量を表し、線量当量は吸収線量に放射線の種類による生物学的効果を考慮した量である。表2.2に示すように、α線、β線、γ線・X線に関しては、線

質係数が一定なのに対して，中性子線は5～20と大きく変化する。これは，中性子のエネルギーによって陽子反跳や核反応の割合が異なるため，生体への影響がエネルギーに依存するからである。

表2.2　吸収線量と線量当量

名　称		吸収線量	線量当量
定　義		1kg当たりに吸収したエネルギー量	吸収線量に線質係数をかけた量
単　位		Gy（グレイ）	Sv（シーベルト）
換算係数	α線	1Gy	20Sv
	β線		1Sv
	γ線・X線		1Sv
	中性子線		5～20Sv

3．臨界事故による周囲への影響

(1) 各種団体による調査

基礎知識を確認したところで，本題に移ることにする。JCOの臨界事故が周囲に与えた影響として最も気になるのは，放射線や放射能がどこまで飛散し，周囲の人々がどれぐらいの被曝をしたのかということであろう。事故の直後には，日本原子力研究所，核燃料サイクル機構といった国立研究機関による行政主導の調査や，大学の教官などによる自主的な調査が行われ，また，各種ボランティア団体による周辺住民支援なども盛んに行われた。

臨界事故で周辺に放出された放射線は主に中性子線とγ線であり，その量は一般公衆の年間被曝線量限度をはるかに超えるものであった。不幸にもJCOでは臨界事故が起こることを想定していなかったため，周囲に対する遮蔽はまったくと言って良いほどなかった。金沢大学や広島大学等で構成された学術調査団の調査によると，周辺住民の協力を得て家庭内にある金属類（主に金やステンレスなど）の放射化量（中性子との核反応により物質が放射能をもつ）を測定した結果，中性子線が事故発生現場から2km離れた位置にまで達していたことが明らかになっている。また，周囲の壁の放射化量から，方向によって放出された放射線の量が異なることも報告されている（小村, 2001）。

また，原子力安全白書（平成11年版）によると，事故によって被曝が確認

表2.3 臨界事故に伴う個人線量評価結果

分類		人数	備考
従業員			
実測で線量が評価された者	事故発生時に作業に従事していた者	3名^{注1)}	1～4.5GyEq程度（12/20に放医研を退院） 6.0～10GyEq程度（4/27に逝去） 16～20GyEq程度以上（2/21に逝去）
	水抜き作業等に従事した者	18名	ホールボディ・カウンタ、線量計等で検出 その範囲は3.8～48mSv（実効線量^{注2)}）
	ホウ酸水注入に従事した者	6名	線量計等で検出。 その範囲は0.7～3.5mSv（実効線量）
	その他事故時に敷地内にいた者	49名	ホールボディ・カウンタ、フィルムバッジで検出。 その範囲は0.6～47.4mSv（実効線量）
推定で線量が評価された者		96名	敷地内の場の線量評価とJCOが実施した個人の行動調査から推定。 その範囲は0.06～16.6mSv（実効線量）
防災業務関係者			
実測で線量が評価された者	政府関係機関（原研、サイクル機構の職員）	57名	フィルムバッジ、TLDで測定した206名のうち57名から検出。 その範囲は0.1～9.2mSv（実効線量）
	消防署員（事故発生時に救助に従事）	3名	ホールボディ・カウンタで検出。 その範囲は4.6～9.4mSv（実効線量）
一般住民			
実測で線量が評価された者		7名	ホールボディ・カウンタで検出。 その範囲は6.7～16mSv（実効線量）
推定で線量が評価された者		200名^{注3)}	行動調査に基づき推定。 その範囲は0.01～21.6mSv（実効線量）

注1) 血液中のナトリウム24の計測、染色体の分析、全身計測によるナトリウム24計数値及びリンパ球数によって推定。
注2) 実効線量とは、放射線の人体の様々な組織への影響を合計して評価するための単位。
注3) 避難要請の出されたおおむね350m以内の区域内に居住又は勤務する265名のうち、事故発生から20時間後までの間に1kmにとどまっていなかった58名と実測で線量が評価された7名を除いた者。

出典：原子力安全白書（平成11年版）

された人数は、JCOの従業員172名、防災業務関係者60名、一般住民207名である（表2.3）。

臨界が発生した転換試験棟で作業していた従業員は16～20GyEq（O氏）、6～10GyEq（S氏）、1～4.5GyEq（Y氏）と評価されている。ここで、GyEq（Gray Equivalent：グレイ・イクイバレント）という耳慣れない単位が登場しているが、臨界事故では中性子線による被曝が含まれているので、通常用いら

れるSv（シーベルト）単位で評価することが困難であり，物理的な線量であるGy（グレイ）に相当する量という意味合いで用いられている。もちろん，まったく意味のない単位ではなく，過去の臨界事故事例等を参考に定義された単位である。ここではGyEqとSvは同じものだとして読み進めてもらっても差し支えない。これら3名を除いた作業員の放射線量は，0.06～48 mSv（ミリシーベルト。Svの1,000分の1に相当），防災関係者では，0.1～9.4 mSvと報告されている。周辺住民の被曝量は，0.01～21.6 mSvと報告されており，JCO従業員よりも被曝量が多い人もいたことになる。

(2) 放射線が生体に与える影響

それでは，これらの被曝量が人体にどのような影響を及ぼすのであろうか？一般的な放射線に関する教科書を見てみると，表2.4のように記載されている。

表2.4 被曝線量と放射線障害の関係

被曝線量（Sv）	放射線による障害
0.01	環境放射能レベル。
0.25	臨床的症状なし。
0.5	リンパ球数の一時的減少。
1.5	約50％の人が放射線宿酔を起こす。
4	白血球数の長期的減少など，造血器障害が現れる。約50％が死亡する。
10～20	強い嘔吐，下痢を起こす。消化管の障害で2週間以内に全員死亡する。
100	中枢神経が破壊され，1日以内に死亡する。

この表を見ると，重度被曝をした3名は，致死線量を浴びていることがわかる。一方，それら3名を除いた被曝者は，いずれも250 mSv以下であるので，臨床的には症状が確認されていないとされている。従業員や防災関係者は，職務上ある程度の被曝を覚悟のうえで作業を行っているわけであるから，被曝に関してそれほど抵抗がなかったであろう。事実，JCO職員による臨界終息のための異常な高線量率区域内での作業や，原子力研究所・核燃料サイクル機構職員による土嚢積み上げ作業には，彼らの責任感すら感じられる。しかし，周辺住民にとってみれば，被曝は予定外のものであり，たとえ障害が起こらないとされている線量であっても被曝していることは事実である。この意識の差か

ら，周辺住民による憤りと不安が発生していると考えられる。

この不安を解消できるかどうかはわからないが，少なくとも放射線によるリスクを理解していただくために，放射線が生体に与える影響についてもう少しだけ説明したいと思う。

(3) 確率的影響と確定的影響

人体が大量の放射線を被曝したとき，被曝した放射線量によって様々な障害が発生するが，放射線による障害には，大きく分けて確率的影響と確定的影響の2種類がある（図2.2）。

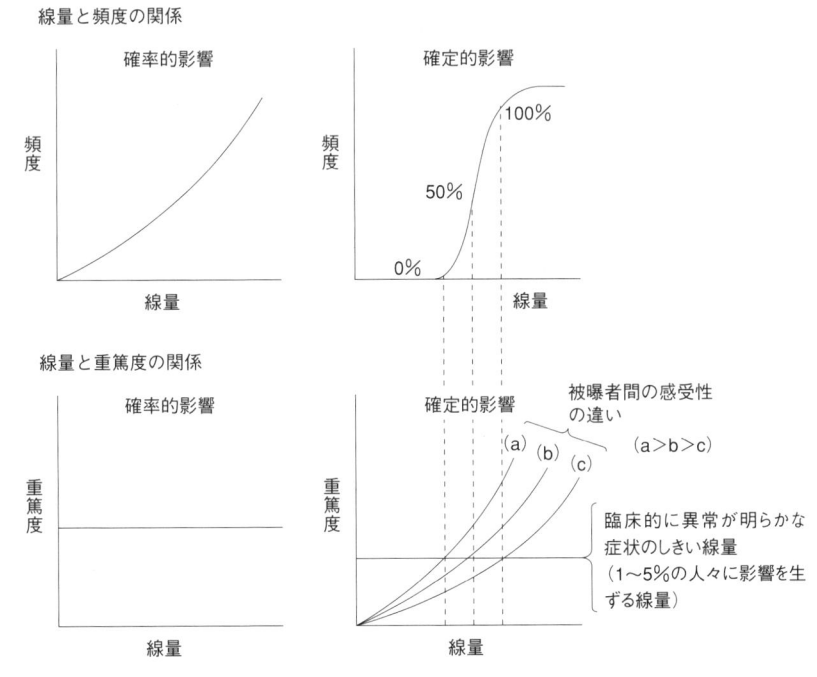

図2.2 確率的影響と確定的影響（ICRP Publ.41より引用）

a) 確率的影響

被曝した線量の大きさによって，障害の発生率のみが変化する影響を確率的

影響という。遺伝的な影響や悪性腫瘍（ガン）が該当する。確率的影響は，被曝した線量が低くても，障害の発生する可能性がある。

b) 確定的影響

しきい線量（限界値）を超えて被曝した場合，線量の大きさによって障害の重篤度が変化する影響を確定的影響という。身体的影響や発ガン以外の晩発障害が該当する。主な障害として，皮膚紅斑，脱毛，生殖能力に対する影響，白内障，個体死などがある。確定的影響は，被曝した線量が低ければ，発生する可能性がほとんどない。

以上のことを考慮すると，周辺住民に影響が出るとすれば，遺伝的な影響や悪性腫瘍ということになるのだが，被曝した線量を考えれば，その確率はきわめて低いと考えられる（表2.5）。

表2.5 各臓器の放射線リスク係数（障害の発生する確率）

臓器	効果	リスク係数（1Svあたり）
生殖腺	遺伝的欠陥	0.004
赤色骨髄	白血病	0.002
乳腺	乳ガン	0.0025
甲状腺	甲状腺ガン	0.0005
骨	骨ガン	0.0005
肺	肺ガン	0.002
その他の器官	その他のガン	0.005

4. 放射性物質による周辺の放射能汚染

(1) 周囲に漏れだした放射性物質

つぎに，放射性物質（放射能）による汚染について触れたいと思う。臨界事故では，核分裂によって多量の放射性物質が発生した。それらの大部分は，HEPAフィルターと呼ばれる目の細かいフィルターによって取り除かれたのだが，気体状の放射性物質はフィルターの目を通り抜けて周辺へ漏れだした。放出された放射性物質の種類は，主に単体で気体であるヨウ素と希ガスのキセノン及びクリプトンである。また，潮風に含まれる塩（塩化ナトリウム）が事故によって発生した中性子線と核反応を起こし，ナトリウム24も生成している。

実際に検出された放射性物質の一覧を表2.6にまとめた。

周辺の放射線量を監視しているモニタリングステーションのデータを解析してみると，事故が発生した10時35分から53分後には，JCO西側約6.5kmに位置する門部（那珂郡）に到達していたことが明らかになっている。門部よりも近い位置にあるモニタリングステーションでは，放射性物質が飛来したと思われる測定値がないことから，海からの風にあおられて放射性物質が西方向へ流れたと考えられる。日本原子力研究所や核燃料サイクル機構の調査によると，大気中及び土壌・農産物から放射性物質が検出されたものの，それらは法令で規制されている量（空気中濃度限度）よりも少なかったと報告されている（ウラン加工工場臨界事故調査委員会, 1999）。

表2.6 JCO周辺で確認された放射性物質

放射性物質名	半減期	備考
ナトリウム24	15時間	中性子による放射化生成物
マンガン56	2.6時間	中性子による放射化生成物
ストロンチウム91	9.5時間	核分裂によって生成したクリプトン91の崩壊生成物
ヨウ素131	8日	核分裂によって生成
ヨウ素133	21時間	核分裂によって生成
ヨウ素135	6.6時間	核分裂によって生成
セシウム138	32分	核分裂によって生成したキセノン138の崩壊生成物
バリウム140	12.8日	核分裂によって生成したキセノン140の崩壊生成物
ランタン140	40.3時間	核分裂によって生成したキセノン140の崩壊生成物

(2) 放射性物質による内部被曝

放射線による被曝には，大きく分けて2種類存在する。それは，外から放射線を浴びる「外部被曝」と，身体の内部から放射線を浴びる「内部被曝」である。放射性物質が体内に入り込む経路には，主に経口，吸入，経皮の3とおりがあり，経路によってダメージを受ける場所が異なる。経口であれば，消化器官系がダメージを受け，吸入の場合は喉や鼻の粘膜，肺などがダメージを受ける。経皮の場合は血液によって体内に循環するため，全身がダメージを受けることになる。ただし，いずれの経路においても，取り込まれた核種によって挙動が異なる場合がある。それは，表2.7に示すように，ある特定の臓器などに特異的に集まりやすい性質をもつ放射性物質が存在するためである。したがって，これらの物質が体内に取り込まれないように最大限の努力をする必要があ

る。また，放射性物質から放出される放射線が α 線の場合，特異的に取り込まれた放射性物質によって集中的にダメージを受けることになるので，とくに注意が必要である。

表2.7 臓器に集まりやすい放射性物質

臓器	放射性物質	放射線の種類
甲状腺	I（ヨウ素）	β 線・γ 線
骨	Sr（ストロンチウム）	β 線
	Ra（ラジウム）	α 線・γ 線
	Pu（プルトニウム）など	α 線
肝臓・脾臓	Th（トリウム）	β 線
	Po（ポロニウム）	α 線
全身均等	T（トリチウム）	β 線
	Cs（セシウム）	γ 線
肺に吸着	Pu（プルトニウム）	α 線
	U（ウラニウム）	α 線・β 線

(3) 放射性物質による汚染の期間

　それでは，これらの放射性物質はどのくらいの期間そこに存在するのであろうか？　多くの放射性物質は，放射線を放出して安定な物質へと変化する（注：ここで「多くの」と書いたのは，放射線を出しても異なる放射性核種になる放射性物質もあるからである）。ある瞬間から放射能が半分になるまでの時間を半減期と言い，放射能汚染を問題にするときには重要な概念である。ここで言う放射能は，「放射線を放出する能力」であり，具体的に表現すると，1秒間に放出される放射線の数（Bq：ベクレル）である。放射能と半減期には密接な関係があり，同じ量（原子の数）で比較した場合，半減期の短い放射性物質の放射能は大きく，逆に半減期が長ければ放射能は小さい。すなわち，半減期の短い放射性物質による汚染の場合，最初の放射線量こそ多いものの，十分な期間が経てば，その影響はほとんど無視できるようになる。一方，半減期の長い放射性物質による汚染の場合，放出される放射線の量は少ないものの，いつまでもそこに存在するので，長期間にわたって汚染された状態となる。余談ではあるが，核燃料廃棄物が問題となっているのは，超長半減期（数億年）の核種が多量に存在するためである。

　それでは，表2.6に示した放射性物質がいつまでそこに存在しているのかを

計算してみよう。表2.6中で最も半減期の長いものは，バリウム140の12.8日である。12.8日経つごとにその放射能は半減していくので，1年後には $0.5^{(365/12.8)} = 2.6 \times 10^{-9}$（10億分の2.6）になる。したがって事故から1年も経てば，実質的な放射能汚染はなくなったと言っても過言ではない。

5. 放射線以外の影響

JCO臨界事故の影響は，周辺住民への放射線被曝だけにとどまらず，いろいろな方面にも被害が及んだ。1つは，放射能汚染による風評被害である。東海村の周辺では，干し芋が名産であり，この時期に収穫または加工された干し芋の販売に対して大きな被害が出た。干し芋に限らず，農作物や海産物などの食品に加えて観光業界など，直接的には関係がないと思うようなところにまで被害が及んでおり，その被害額は150億円とも言われているが，JCO側は速やかに損害賠償に応じる姿勢を見せている。

また，周辺住民には事故後の体調不良を訴える人も多い。問題となるような被曝はしていないのに，何だか体がだるいような気がするなど，精神的なストレスから体調を崩しているといった症状が目立つ。これはPTSD（心的外傷後ストレス障害）の典型的な症状であり，周辺住民に対する心のケアが必要であることを示唆している。茨城県では「心のケア相談所」を設立してPTSDの対応にあたっており，継続した治療を行う予定だ。

6. おわりに

JCO臨界事故は，日本の原子力史上初めての犠牲者を出した過去最悪の事故である。このような惨事が二度と起こらないようするために，原子力施設に対する安全対策を強化する気運が高まってきている。今後，原子力産業に対する風あたりはさらに厳しくなるものと予想されるが，今度は良い影響を社会に及ぼしてくれるように期待したいところである。

〈参考文献〉

小村和久　2001　臨界事故の環境影響に関する学術調査研究　文部科学省特別研究促進費報告書

原子力安全委員会　2000　原子力安全白書(平成11年版)　大蔵省印刷局, p.17

ウラン加工工場臨界事故調査委員会　1999　事故調査報告書

International Commission on Radiological Protection　1987　*ICRP Report Publ.41*

3 新聞報道に見るJCO事故

下村英雄・堀 洋元

1. はじめに

JCO事故の新聞記事の第一報は以下のようなものだった。

> 茨城県東海村の民間ウラン加工施設「ジェー・シー・オー」（本社・東京）東海事業所で30日午前，同社員3人が大量に被ばくした事故について，国の原子力安全委員会は外部に漏れた放射線量の値などから，国内初の臨界事故とみている。発生から12時間以上たっても，臨界状態は続いている。施設の敷地の外で作業をしていた5人も軽い被ばくをした。東海村などの住民150人以上が，公民館などに避難した。橋本昌知事は同夜，同施設から半径10キロの9市町村の住民約31万人に「外に出ないよう，お願いしたい」と呼びかけた。事故原因について同社は，通常の7倍近い量のウランを誤って沈殿槽に入れたため，臨界状態を引き起こした可能性が高いとみている。事態を重視した政府は，原子力事故では初の対策本部（本部長・小渕恵三首相）を設置した。（1999/10/01 朝日新聞東京朝刊1面）

記事から伝わる緊迫感は，この事故が尋常でないことを感じさせた。この後，新聞紙上には，膨大な数のJCO事故関連記事が掲載された。そして，新聞記事を中心とするマスメディアによって，我々は事故発生からその後の経過を知った。ならばJCO事故後の原子力世論を考えるにあたって，マスメディアの影響を決して無視することはできないだろう。マスメディアでどのように

JCO事故が報道されたのかを分析することによって，我々は，JCO事故の何をどのように理解していったのかを考察することができるのではないだろうか．

マスメディアによるJCO事故の報道を検討するにあたっては，新聞以外にテレビニュースなどの分析も考えられる．しかし，新聞記事は現在，CD-ROM，インターネットなどで容易に検索可能であり，様々な語句で検索できるように整理されている．世論に対する影響力から言えばテレビニュースも無視できない存在であるが，動画情報であるテレビニュースの分析手法は十分に確立しているとは言い難く，文書情報である新聞報道のほうが分析は容易である．また，報道時期や報道の量，内容を分析することによって，ある程度，客観的な分析が可能になり，類似の分析例も多い（松井編，1994ほか）．現段階でJCO事故の報道傾向を検討するには，新聞を対象とした大まかな分析によって全体の傾向を把握する方がむしろ有益な知見が期待できる．

以上のことから，本章では，JCO事故後の新聞報道を分析対象とすることとした．JCO事故の新聞記事を分析するにあたっては，ニフティ社の「新聞・雑誌記事横断検索」サービス（http://www.nifty.com/RXCN）を用いた．このサービスでは，発行部数の多い大新聞のほかに，地方版，業界新聞など様々な新聞記事が検索できる．特定の検索語を指定すると，その検索語を含む新聞記事のタイトルを検索できる．また，それら記事タイトルのうち関心のあるものについては，本文を読むことができる．さらに，ある新聞のある日付の地方版の夕刊に何文字の記事が載ったのかといった詳細な情報も入手可能である．

2．JCO事故新聞報道の量的分析

このニフティ社の新聞・雑誌記事横断検索サービスを用いて，まず初めに「JCO」を検索語に指定した検索を行った．検索対象新聞は発行部数の多い「朝日新聞」「読売新聞」「毎日新聞」「産経新聞」の4つの新聞とし，検索期間を事故発生直後の1999年10月1日から分析時点の2001年12月31日に絞った．その結果，「JCO」という検索語を記事タイトルまたは本文に含む新聞記事は全部で3,731件検索された．これら「JCO」という検索語を含む新聞記事

2. JCO事故新聞報道の量的分析　43

を，本稿ではJCO事故関連記事として分析対象にした。

図3.1は，JCO事故関連記事を月ごとに数え上げて，事故後26ヶ月まで図示したものである。図3.1に示されるように，JCO事故関連記事はJCO事故後1ヶ月間にあたる1999年10月で1,192件と最も多く，その後，11月には369件，12月には472件，1月には176件と激減していた。JCO事故に関連する新聞報道は，事故直後に集中しており，その後は月に20～30件が記事として報じられていた。

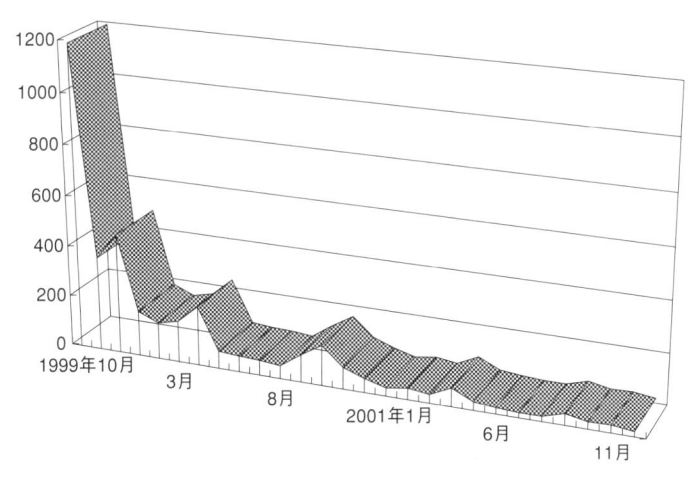

図3.1　事故後26ヶ月までのJCO事故関連記事の推移

また，図3.2には事故後のJCO事故関連記事数の割合を示した。事故後約2年2ヶ月を経た2001年12月の分析時点までに占める関連記事の割合を見る

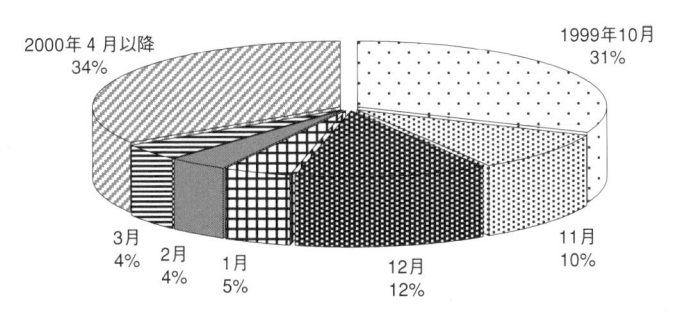

図3.2　2001年12月までに報じられたJCO事故関連記事の割合

と，事故発生直後1ヶ月間の記事が31％，事故発生後3ヶ月で53％，事故発生後6ヶ月で66％となっていた．JCO事故関連記事の約3割は1ヶ月間以内に，約半数が3ヶ月以内に，約3分の2が6ヶ月以内に報道されたと言える．

このようにJCO事故は事故後の約1ヶ月に集中して新聞で報道され，事故後1ヶ月以降は，記事に取り上げられることが少なくなった．新聞で報道されるべき事がらは日々起こる．JCO事故のような大きな事故であっても，事故直後に集中的に報じられた後は記事として取り上げられる量は少なくなってしまう．

興味深いのは，JCO事故関連記事数の推移には「うねり」が見られる点である．図3.1のグラフには，まるで1999年10月を発生源とする波がうねりながら時間とともに遠ざかっていく様子を発見できる．JCO事故関連記事の1つめの「うねり」は1999年12月であり，この月には，原子力安全委員会と事故調査委員会による報告書が出された．それによってJCO事故に1つの区切りがついたことが記事の増加に結びついたと考えられる．また，2つめ，3つめの「うねり」にあたる2000年4月，2000年10月は，それぞれJCO事故の半年後，1年後の区切りとなっている．その後の2001年4月，2001年9月にも，小さくはなっているが同様の「うねり」が見られる．これらは共通してJCO事故を振り返る内容の記事になっている．例えば，2001年9月には「東海村の臨界事故から2年危機管理まだ構築中（2001/9/30，読売新聞東京朝刊）」という見出しで，その後の被ばく医療や防災体制に関する特集記事が書かれていた．JCO事故のような大きな事件では，半年後，1年後など区切りの良い時期に「振り返り」記事，「まとめ」記事が書かれ，事件が風化していくのを防いでいると言える．

図3.3には，事故発生後1ヶ月間のJCO事故関連記事の推移を示した．この図から，10月12日が1つの大きな谷になっていたことがわかる．10月12日以前は，10月5日をピークとして記事の量が山型になっており，10月12日以降の記事の量に比べると相対的に多い．一方，12日以降は1日あたりのJCO事故関連記事数がおおむね40件以下となっている．実は，この10月12日は新聞休刊日にあたっている．その前後でJCO事故関連記事の量的な推移に若干の違いがあったと言える．

ただし，JCO事故関連記事数の量的な分析ではこれ以上の検討は難しい。記事内容の質的な分析に踏み込むためには，直接，記事で用いられている語句に焦点をあてる必要がある。つぎに，JCO事故関連記事の内容面を質的に分析することとする。

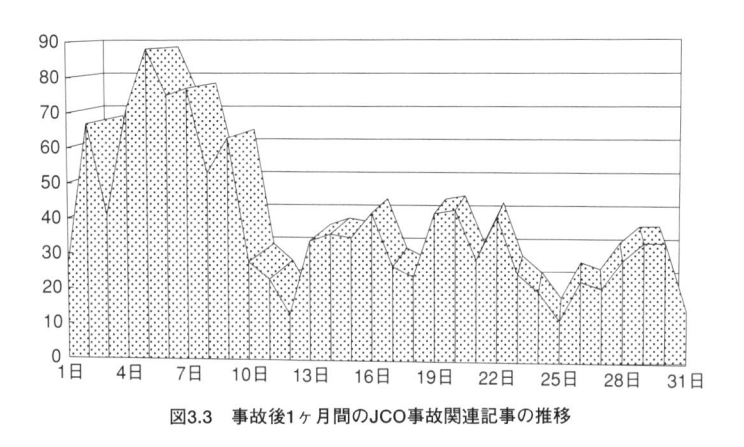

図3.3 事故後1ヶ月間のJCO事故関連記事の推移

3. JCO事故新聞報道の質的分析

JCO事故関連記事の質的分析を行うにあたって，今回の事故を象徴する語句をいくつか拾い上げてみることにする。その際，以下のような3つの基準を設定して語句の絞り込みを行った。

1つめは，事故に直接結びつく出来事を表している語句である。冒頭の記事で言えば「茨城県東海村」や「臨界事故」のように，JCO事故の新聞記事で多く用いられている固有名詞や原子力関連の用語などを含む。

2つめは，事故に間接的に結びつく出来事を表している語句で，今回の事故から副次的に発生した表現を含む。よって，事故発生直後ではなく，日数が経過してから表面化してきた出来事などがこの基準に該当する。

3つめは，事故での心理的な側面を表している語句である。JCO事故の新聞記事のみならず，事故・災害の記事には被害者や被災者の声が記載されることが多い。事故・災害の客観的事実を報道するだけでなく，事故・災害を受けた

人々の受け止め方も記事として紹介されている。そこで，今回の事故とかかわりのあった東海村周辺の住民の反応を表している語句を選び出すことにした。

上の3つの基準に沿って候補となるキーワードをあげた結果，絞り込みを行った段階で1,000件を超えるもの（「臨界」など），反対に45件未満のもの（「不満」「怒り」「衝撃」など）を外して最終的に「原因」「究明」「調査」「責任」「ミス」「茨城県」「県警」「安全」「ずさん」「風評」「賠償」「不安」「健康」「恐怖」「安心」「恐れ」の16個をキーワードとして採用した。各キーワードの記事数は多い順に「茨城県（659件）」「安全（564件）」「調査（355件）」「原因（213件）」「不安（199件）」「責任（197件）」「県警（162件）」「健康（140件）」「風評（108件）」「賠償（93件）」「ずさん（92件）」「究明（83件）」「恐怖（64件）」「ミス（62件）」「恐れ（53件）」「安心（47件）」だった。

そのなかから，とくに「原因」「風評」「調査」「ずさん」の4個の語句について，10月1日から31日まで1日ごとの記事数を数え上げたのが図3.4から図3.7である。横軸には日付，縦軸にはそのキーワードを含む記事数が表されている。なお，図中，とくに記事数が多い日については，その日の主だったJCO事故関連記事の見出しを付け加えた。

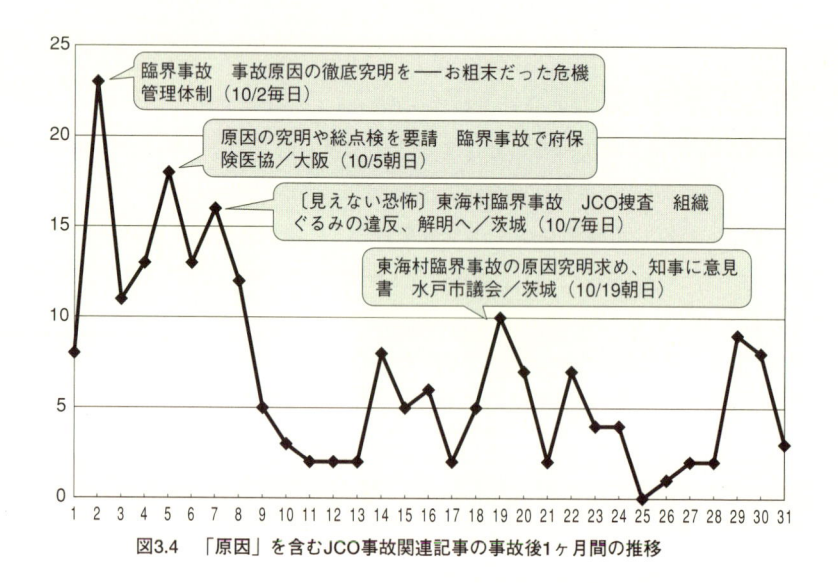

図3.4 「原因」を含むJCO事故関連記事の事故後1ヶ月間の推移

図3.4には，1999年10月1日から31日の1ヶ月間で全国紙4紙（朝日，毎日，読売，産経）に掲載されたJCO事故関連記事のうち，「原因」というキーワードが含まれる記事数の推移を示した。図から10月の前半に新聞記事中に「原因」という語句が頻出していたことがわかる。掲載記事数が多かった日の主な見出しは，以下のとおりであり，事故直後の記事に「原因」を用いたものが多かった。

- 「臨界事故　事故原因の徹底究明を――お粗末だった危機管理体制」（10月2日付毎日新聞朝刊／社説）
- 「原因の究明や総点検を要請　臨界事故で府保険医協」（10月5日付朝日新聞朝刊／大阪地方版）
- 「東海村臨界事故　JCO捜査　組織ぐるみの違反解明へ」（10月7日付毎日新聞朝刊／茨城地方版）
- 「東海村臨界事故の原因究明求め，知事に意見書　水戸市議会」（10月19日付朝日新聞朝刊／茨城地方版）

図3.5には，JCO事故関連記事のうち「ずさん」という語句が含まれる記事数の推移を示した。図3.4の「原因」と同様，10月の前半に新聞記事中に頻出

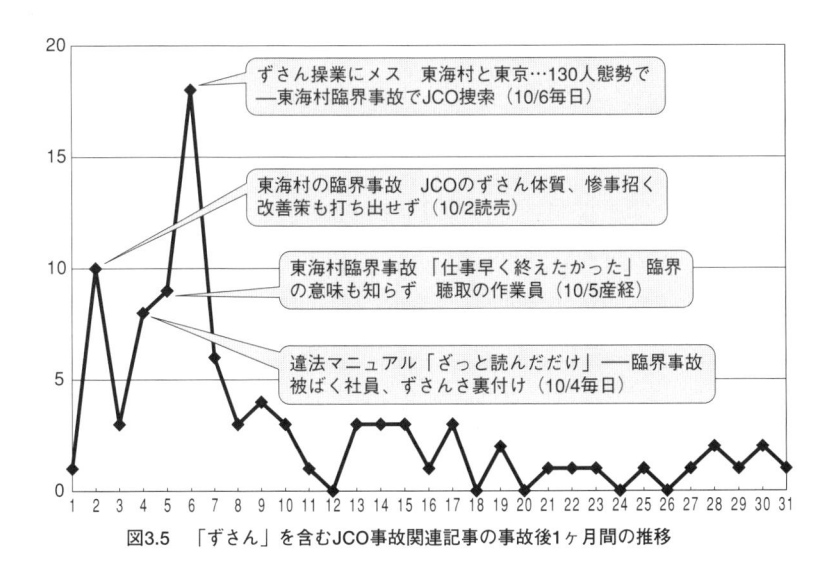

図3.5　「ずさん」を含むJCO事故関連記事の事故後1ヶ月間の推移

していた。ただし，図3.4の「原因」と図3.5の「ずさん」を比較した場合，記事数のピークが異なっていた。「原因」では，事故2日後の10月2日が記事数のピークなのに対して，「ずさん」では事故6日後の10月6日が記事数のピークになっていた。10月6日の見出し内容は例えば以下のようなものだった。

- 「ずさん操業にメス　東海村と東京，130人体制で──東海村臨界事故でJCO捜索」（10月6日付毎日新聞夕刊／社会）
- 「東海村臨界事故　JCO強制捜査　原因説明は二転三転　ずさんな管理，訂正連発」（10月6日付産経新聞夕刊／国際）

つまり，事故発生直後は新聞紙上で早急な「原因」究明が求められたが，その数日後，強制捜査が行われた後には，事故原因として当初から指摘されていた「ずさん」な管理体制が明るみになったことが報じられたと言える。

図3.6には，JCO記事全体の推移と多少異なるパターンを示す「調査」という語句が含まれる記事数の推移を示した。この「調査」という語句が含まれる記事の特徴は，事故後半月が過ぎた16日にもピークが見られた点である。16日の見出しは以下のようなものだった。

- 「東海村臨界事故　事故調査委が現地を視察」（10月16日付産経新聞夕

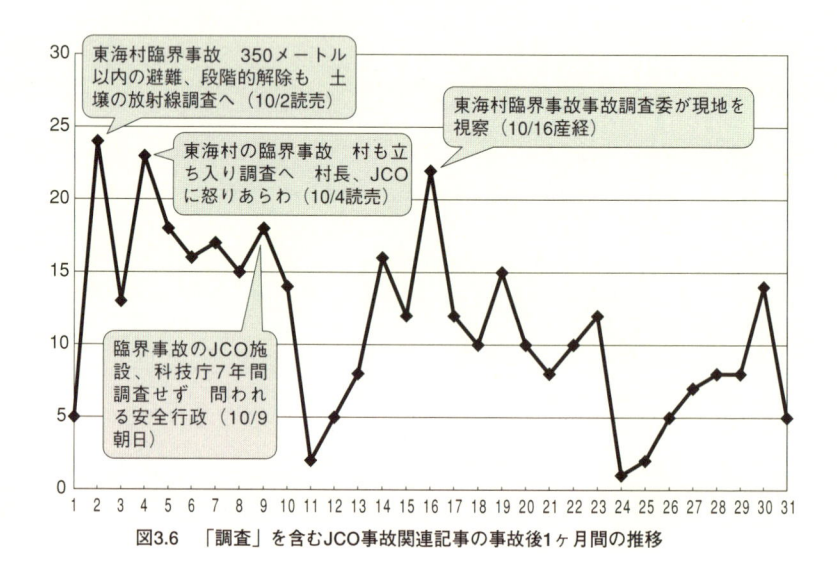

図3.6　「調査」を含むJCO事故関連記事の事故後1ヶ月間の推移

刊／国際・2社）
- 「東海村臨界事故　ＩＡＥＡが現地調査　村長から事情聴取（10月16日付読売新聞朝刊）」

それぞれの記事内容を見ると，以下のようなものだった．

- 「JCO東海事業所の臨界事故で，国の原子力安全委員会の事故調査委員会（委員長＝吉川弘之・日本学術会議会長）が16日，事故後初めて，同事業所の立ち入り調査を実施した．吉川委員長らメンバー19人がこの日午前，同事業所に入り，JCOから事故当時の状況などについて，聞き取り調査を行った」（10月16日付毎日新聞朝刊／社会）
- 「国際原子力機関（IAEA）の専門家三人が十五日午後，JCO東海事業所や東海村役場に出向き，村上達也村長から，住民に避難要請した根拠や風評被害対策について事情聴取するなど，現地調査を行った（以下略）」（10月16日付読売新聞朝刊／社会）

つまり，16日には，国の原子力安全委員会の事故調査委員会が事故後初めてJCOに対する立ち入り検査を行い，国際原子力機関（IAEA）の専門家がJCOや村役場で事情聴取を行った．この時期に，国内外の原子力関連の専門

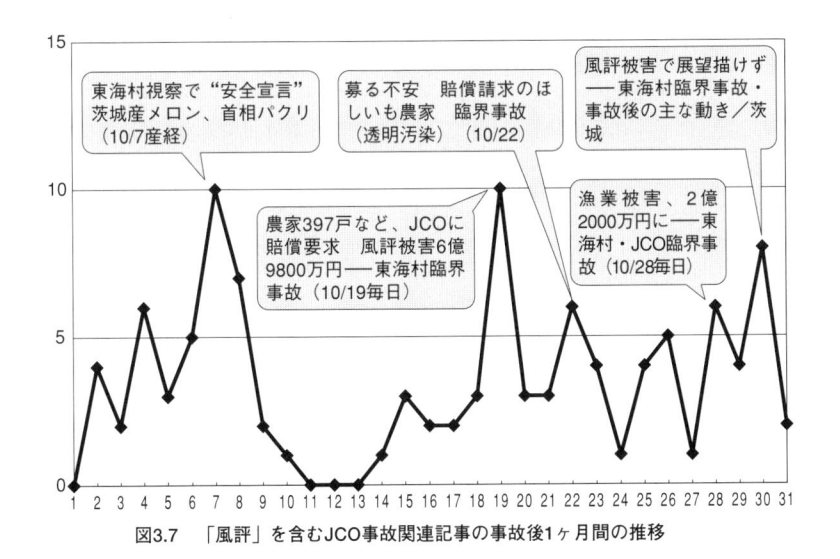

図3.7　「風評」を含むJCO事故関連記事の事故後1ヶ月間の推移

家による詳細な調査が行われたことが新聞紙上で報じられたのである。

　図3.7には，JCO記事全体の推移と異なるパターンを示す「風評」という語句が含まれる記事数の推移を示した。「風評」がキーワードとして出てくる新聞記事には以下のようなものがある。まず，事件発生2日後には，識者のコメントとして風評被害の危惧が報道されている。

> （環境ＮＧＯ事務局長の話）「今回の事故は，被害の広がりがまだ明らかでない以上，消費者が現場近くの農作物を拒否するのは当然の行動だ。しかし，罪のない農家に損害を引き受けさせるのは酷だ。補償もせずに出荷停止を求めても，農家は納得しない。十分かつ早急な安全宣言や農作物の買い上げなどによって，即座に風評被害を封じ込めることに全力を注ぐべきだ。そのために，政府がどう対応するか注目される。」(10月2日付朝日新聞朝刊)

　事件後約半月では，「アンコウさばきの名人」を訪ねたルポが掲載され，そのマクラとして次のような記事が見られる。

> 茨城県東海村の核燃料加工会社「ジェー・シー・オー（JCO）」東海事業所の臨界事故に，本格シーズンを迎える「アンコウ」の町が泣いている。県当局は「放射線の影響はない」と断言したが，観光客が例年に比べ7割以上も減ってしまったためだ。大打撃を受けた業者は悲鳴をあげ，「JCOは茨城から出ていけ」と怒りをぶつける。日本有数の水揚げ港として知られる北茨城市平潟町では，大量のアンコウが冷蔵庫に眠っていた。風評被害が深刻な港町を歩いた。(10月18日付毎日新聞夕刊)

　そして，この時期には，次第に被害状況がまとまりだし，具体的な損害賠償請求に話が及び始め，その後，風評被害に関する記事が多くなる。

> 茨城県東海村の臨界事故による「風評被害」で，村の名産品のサツマイモを乾燥させた「干しイモ」などが被害を受けたとして，村の農家約四百戸と農産物扱い会社1社が19日までに，事故を起こした核燃料加工会社「ジェー・シー・オー（JCO）」に約6億8600万円の損害賠償を要求した。今回の事故で具体的額を示した損害賠償は初めて。(10月19日付産経新聞夕刊)

JCO事故に関する新聞報道の質的な分析を行った結果，我々がJCO事故を新聞を通じてどのように知っていったのかを大まかにつかみとることができた。ここまでの結果から，JCO事故の新聞報道には何らかの一定のパターンのようなものがあったと言える。例えば，上で見た「原因」と「ずさん」は『原因究明』といった脈絡で考えれば類似した内容の記事である。実際，その記事数の推移パターンは似通ったものだった。また，「風評」を含んだ新聞記事と「賠償」を含んだ新聞記事は，事故後1ヶ月の間，時間が経つほど記事数が多くなるという共通点があった。これは，JCO事故に関する新聞記事では，「風評」被害に対する「賠償」が1つの焦点になっていたことを示す。

　このように，JCO事故の新聞報道に一定のパターンがあったことを想定すると，ある特定の時期にある一定のパターンの語句を用いた記事が多くなるといった，JCO事故後の時間的経過と新聞記事内容の関連性を明らかにする分析が可能であろう。JCO事故の新聞報道のパターンを分析することによって，新聞報道からJCO事故をどのように知っていったのかを，より明確にすることができると考えられる。

4. 新聞報道のパターン分析——その1

　そこで，コレスポンデンス分析という手法を用いてJCO事故の新聞報道のパターン分析を行った。コレスポンデンス分析は，相互に関連する2つの要素からなる複雑なパターンを，特徴の似たものを近くに図示し，特徴の異なるものを遠くに図示することによって，視覚的に関連性を把握できるようにした分析である。図3.8がコレスポンデンス分析の結果である。この図では，図の右上部分に「風評」と「賠償」が近くに布置しており，かつ，「26〜30日」「21〜25日」も近くに布置している。これは，「風評」「賠償」といった語句を含む記事と「26〜30日」「21〜25日」に関連性が見られることを示している。「風評」「賠償」という語句を含む記事が1999年10月の月末に向けて増えていったと解釈できる。

　同様に，右下に目を向けると，「16〜20日」と「調査」が近くに布置している。このことから，1999年10月の「16〜20日」頃に「調査」という語句

を含んだ新聞記事が多かったと解釈できる。また，左上に目を転じると，「6 ～10日」に「県警」「ずさん」「責任」などの語句が近くに布置している。ここからは，6～10日頃に茨城県警によるずさんな管理体制の追及が新聞紙上で報じられ，責任問題が浮上してきたことによる。

この図3.8からは，ほかにも様々な解釈が可能である。例えば，「茨城県」「安全」などの語句は中央に布置しており，どの時期でもまたどのような内容の記事でも万遍なく用いられたこと，事件直後の「1～5日」には何らかの「ミス」が新聞紙上に報じられ，その「究明」が求められていたことなども読み取れる。

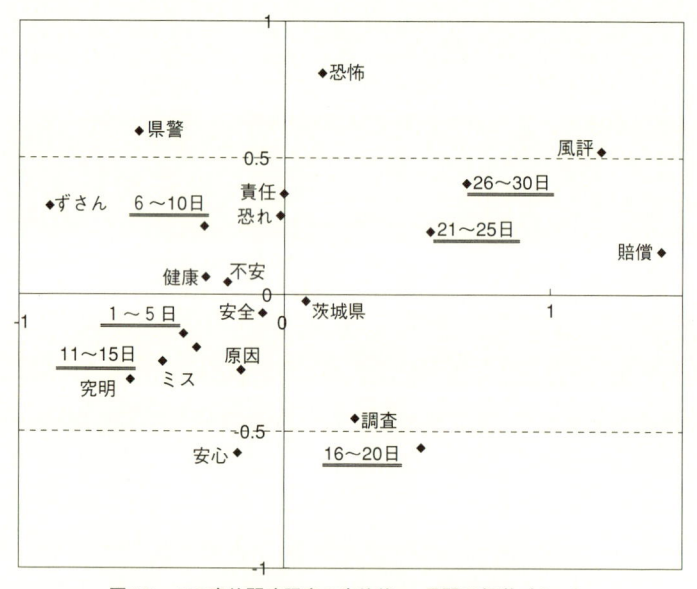

図3.8　JCO事故関連記事の事故後1ヶ月間の報道パターン

5．新聞報道のパターン分析──その2

別な角度から，新聞報道のパターン分析をもう1つ行ってみよう。ここでは，先ほどコレスポンデンス分析を行ったデータに主成分分析を行っている。この

分析を行うことによって，新聞記事で用いられた16個の語句の相互の関係を整理して，互いに類似の特徴をもついくつかの主だったグループ（主成分）にまとめあげることができる．

表3.1　JCO事故関連記事で用いられた語句のグルーピング

	責任追求	原因究明	風評被害に対する賠償	調査による安心	健康に対する恐怖
責任	.869				
県警	.863				
ずさん	.819				
茨城県	.708				
安全	.654				
恐れ		.905			
ミス		.901			
原因		.711			
不安		.668			
究明		.634			
賠償			.948		
風評			.889		
安心				.843	
調査				.540	
恐怖					.947
健康					.594

　表3.1が主成分分析結果である．本章で取り上げた17個の語句は，特徴の似た5つのグループに大きく分けられる．表中の数値は主成分負荷量と呼ばれる数値であり，そのキーワードがどの程度，そのグループの中心的なキーワードであるかを示す値と解釈できる．

　さて，1つめのグループでは「責任」「県警」「ずさん」「茨城県」「安全」がひとまとまりになっている．この5つの語句はJCO事故の時間的な経過を見ると，同じような時期に同じような新聞記事に現れていたと言える．この5つの語句に共通するポイントとは何だろうか．いくつかの解釈が可能だが，公的機関である「県警」と「茨城県」が含まれ，「責任」や「ずさん」さが話題として取り上げられており，かつ，「安全」も同じ時期に記事に頻出したとすれば，これらの語句の共通点は「責任追及」に関連する語句であると言えるのではないだろうか．ここでは，このグループを「責任追及」に関連する語句のグループと考えておくことにする．

2つめのグループである「恐れ」「ミス」「原因」「不安」「究明」のグループについても，いくつかの解釈があり得る。数値が最も高い「恐れ」は，このグループの中心的な構成要素と解釈できるが，「被害が10億円を超える恐れがあるばかりでなく……（10月5日付毎日新聞）」のように，その時点ではまだ不透明な被害実態についての危惧が記事中に表明されている場合に多く用いられていた。おおむね「不安」と類似のニュアンスで用いられる語句だと考えて良い。数値が次に高い語句が「ミス」であることも考え合わせれば，このグループは，被害の「恐れ」や「ミス」の実態が「原因」を「究明」することによって発覚したといった内容の記事に関連するグループだと解釈できるのではないだろうか。そこで，このグループを「原因究明」に関連する語句のグループと考えておくことにする。

3つめの「賠償」「風評」のグループであるが，先に述べたように，この2つの語句はJCO事故半月後から新聞紙上に頻繁に現れた語句である。捜査や調査によって事故の実態が明らかになると同時に，風評被害も含めた被害実態も次第にまとまり，賠償問題が盛んに報じられるようになったのがJCO事故半月後ということになる。JCO事故被害の特徴の1つは，ほかの災害・事故に比べて，比較的，早い段階で風評被害が認められたこと，それに対する賠償・対応が迅速になされたことである。この分析で，事故後1ヶ月で「賠償」と「風評」がひとかたまりのグループとなること自体，じつはJCO事故の特徴であったと言える。

また，4つめの「安心」「調査」のグループについても，この2つの語句が同じ時期に記事に頻出していた。この2つの語句には共通点を見出しにくいが，記事内容をつぶさに調べると，おおむねこの時期に専門家のまとまった談話が報道され，そうした記事に「安心」という語句が用いられていた（「専門家の話に「安心」臨界事故の相談所開設」10月19日付朝日新聞など）。また，県が半径500m圏内の住民を対象に行った健康調査の診断結果に関する説明会が開かれたため，それを報じた記事でも「安心」が用いられていた（「東海村の臨界事故── 一部の住民に安心感　県が健康診断の結果説明」10月17日読売新聞など）。専門家による調査やアンケートについての報道も多く，「安心」「調査」の語句は，専門家による事後的な対応がこの時期に多く報じられたことを

反映している可能性が高い。事故後，一定の時間をおいて，事故の意味づけがなされ出した時期だと解釈することもできるだろう。ここでは「調査による安心」のグループととらえておくこととする。

最後に，5つめの「恐怖」「健康」のグループは，「健康に対する恐怖」に関する内容の記事で頻繁に用いられたと考えられる。JCO事故は何よりも健康面での被害が心配されたのであり，JCO事故関連記事を分析した結果，これら2つの語句が1つのグループを構成するのは自然である。このグループを「健康に対する恐怖」と解釈することにする。

以上，我々が取り上げた17個のキーワードで見る限り，JCO事故の新聞報道は新聞報道がなされた時期と記事の量によって「責任追及」「原因究明」「風評被害に対する賠償」「調査による安心」「健康に対する恐怖」の5つのグループに分けられる。そのうえで，これら5つのグループがJCO事故後の時間的経過のなかで，どのように用いられたのかを見てみよう。

6. 事故後の時間経過と新聞報道パターン

図3.9は，表3.1に示した主成分分析から計算される主成分得点を求めて，JCO事故後1ヶ月間の値を図示したものである。主成分得点とは，平均値がちょうど0になるように調整された値であり，値が0よりも大きいほど，その記事内容グループの記事が多く報道されたことの指標となる。また平均値が0に調整されているという性質から，異なる日付の異なる語句グループの相対的な記事数の多さを互いに比較することができる。

図3.9を見ると，JCO事故発生から1ヶ月間に入れかわり立ちかわり各グループの値が大きくなっていることがわかる。まず，事故発生直後の1～3日ぐらいまでは「原因の究明」の値が大きい。次に3～8日ぐらいまでは「責任の追及」の値が大きく，8～12日ぐらいまでは「健康に対する恐怖」の値が大きい。また，16～20日ぐらいまでにかけて「調査による安心」の値が大きい。20日以降は，ほかのグループの値がほぼ0付近にあるのに比べて「風評被害に対する賠償」の値が大きい。さらに，30日付近では「風評被害に対する賠償」だけではなく，「調査による安心」「健康に対する恐怖」などの値も再び大

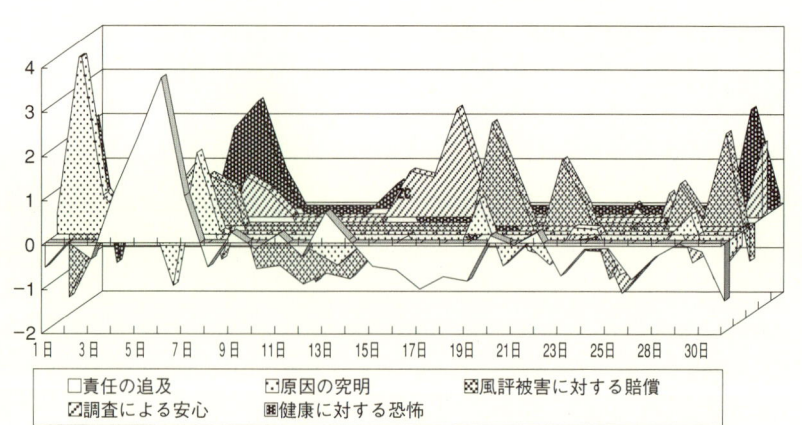

56　3　新聞報道に見るJCO事故

	責任の追究	原因の究明	風評被害に対する賠償	調査による安心	健康に対する恐怖
1日	−.554	.466	−1.613	−.349	2.035
2日	.013	4.203	−.529	.608	−1.226
3日	−.369	.876	−.201	−.189	1.118
4日	1.157	.245	.686	1.122	−.038
5日	2.379	.446	.290	.597	−.324
6日	3.729	−1.151	−.381	1.311	−.309
7日	1.059	1.845	1.152	−.953	1.813
8日	−.543	.067	.867	.927	2.426
9日	.236	−.163	−.966	.594	.842
10日	−.127	−.136	−.893	.038	−.142
11日	.202	−.107	−1.310	−1.458	−.600
12日	−.299	−.386	−1.066	−.812	−.413
13日	.687	−.690	−1.191	−.979	.081
14日	.077	−.220	−.599	.084	.600
15日	−.520	−.287	−.174	1.043	−.529
16日	−.605	−.026	−.096	.910	−.609
17日	−1.032	−.760	−.200	2.463	−.788
18日	−.752	−.516	−.311	.770	−.402
19日	−.855	.790	2.332	.465	−.877
20日	.170	−.705	1.008	−.747	−.646
21日	−.048	−.207	−.370	−.908	−.661
22日	.247	−.683	1.498	−.513	−.946
23日	−.735	.154	.483	−.438	−.963
24日	−.130	.118	−1.191	−1.709	.106
25日	−.119	−.892	.001	−1.119	−.551
27日	−.815	−.693	−.623	.542	.491
28日	−.306	−.057	.965	−1.022	−1.010
29日	−.010	.452	.164	−.691	−.308
30日	−.184	−.989	2.098	−.426	2.256
31日	−1.288	−.311	−.784	1.668	.221

図3.9　JCO事故関連記事で用いられた語句グループの出現状況

きくなっている。

　こうした結果をまとめると，JCO事故直後の新聞報道には「原因の究明⇒責任の追及⇒健康に対する恐怖⇒調査による安心⇒風評被害に対する賠償」といった一連のプロセスがあったことを指摘できる。JCO事故は国内初の臨界事故であり，我々の社会にとって初めての経験だった。そのため，国内初の大事故がなぜ起こったのかが何よりも先に報じられた。そして，事故原因が明らかになるにつれて，その責任は誰にあるのかが報じられた。さらに，責任の所在がある程度明確になると健康に対する恐怖が報じられた。その後，調査も含めて専門家による様々な論評が新聞紙上でなされ，安心できるか否かが報じられた。最後に事故後半月が経って被害に対する賠償が報じられた。我々がJCO事故を知るのに，新聞記事が大きな役割を占めていたとすれば，我々は上記の順番でJCO事故を知っていったのだと言えるだろう。

7. まとめ

　小城（1999）は，災害時のマスメディアの役割を分析した宮田（1986）を参照して，少年事件における識者のコメントの機能を「事件の解説機能」「不安低減機能」「自衛促進機能」の3つに分けて分析を行った。「事件の解説機能」とは「人々に対して，理性的・客観的な状況説明を与え，事実の認知と理解を助ける」機能であり，この機能を果たす識者のコメントは全体の8割を占め，事件後，時間の経過とともに減少した。一方で，「不安低減機能」は「人々の不安や恐怖を軽減する」機能であり，この機能を果たす識者のコメントは量こそ少ないものの事件後一定の割合で常に求められていた。

　こうした議論は，ここでの分析結果にも部分的に関連するだろう。JCO事故は国内初の原子力事故だったために，小城（1999）の言う「事件の解説機能」は「原因究明機能」と「責任追及機能」に細分化されたと言える。新聞紙上で原因究明と責任追及が行われることによって，ひととおりの「事件の解説機能」が果たされた後，恐怖や安心を中心とした記事が「不安低減機能」を果たしていった。JCO事故の場合は「不安低減機能」は事故後半月が経過してから専門家による解説によって果たされた可能性が大きい。さらに，JCO事故では

その後，どのくらいの被害が起こったのかを確定し，それに対する賠償に関する記事が続いたと言える。

マスメディアが個人に与える影響についてはいくつかの議論がある（斎藤，2001）。しかし，こうした新聞報道の一定のパターンは，やはり少なからず我々がJCO事故のような大事故を受け止める際の一定のパターンと考えて良いだろう。我々は，まず，初めて経験した大惨事の原因を知り，つぎにその責任が誰にあるのかを知ったのである。そして，事故そのものが十分に解説され，ある程度理解したと思えた後，不安はなくなったか，安心できたかが関心事になった。新聞は，初めて経験した大惨事に対する関心をクールダウンさせる形で報道していった。一方，我々は熱せられた金属が冷えながら一定の形を成していくように，JCO事故のリアリティを形作っていったと言えるだろう。

〈引用文献〉

小城英子　1999　神戸小学生殺害事件報道おける識者コメントの内容分析　社会心理学研究, **15**, 22-33.

松井豊　1994　ファンとブームの社会心理　サイエンス社

宮田加久子　1986　災害情報の内容特性　東京大学新聞研究所(編)　災害と情報　東京大学出版会

斎藤慎一　2001　マスメディアによる社会的現実の構成　川上善郎(編)　情報行動の社会心理学　北大路書房　40-53.

4

原子力世論の変遷

宮本聡介

　第5章以降で報告される世論調査の報告に先立ち，本章ではこれまでの原子力に対する国内世論について，その動向をまとめておこうと思う。現在，国内では原子力に対して決して良いイメージがもたれていない。なぜ，国内の原子力政策が国民に受け入れられていないのか。その原因と現状を年代別に探ってみた。

1．1950・60年代の原子力

　1957年（昭和32年），東海村で国内初の臨界実験が行われた。当時の模様について，つぎのような記述がある。

> 　その第一号原子炉が「臨界」に達したとき，地元では小学生の旗行列が行われ，花火が打ち上げられた。「原子炉完成記念式典」では，常磐線東海駅から原研まで二キロにわたってしめ縄が張られたというからすごい。全国から見学者が殺到し，お土産用に「原子力まんじゅう」まで売り出されたのである。（柴田・友清（**1999**）「原発国民世論」**p.15**より抜粋）

　上記の記述を見る限り，当時の東海村では，この臨界実験が村をあげての一大事業であったことがわかる。また全国から見学者が殺到するなど，日本中がこの話題に関心をもっていたことが予想される。そして国内初の臨界実験が成

功した直後から，国内では様々な原子力関連事業が展開されていく。

例えば翌年（1958年）には，京都大学に原子核工学科が，また1960年には東京大学に原子力工学科が新設され，実験用原子炉が近畿大学，立教大学，武蔵工業大学，京都大学などでつぎつぎと建造されていく。国内で初めての臨界実験から9年後の1966年（昭和41年），日本原子力発電東海発電所が営業運転を開始し，原子炉から電力が供給され始める。また1967年以降，福島，敦賀，美浜などで原子力発電所建設工事が始められているが，これらの建設に対して，地元で大きな反対運動があったという報告は見当たらない。

1950年代に，原子力に関する世論調査が実施されたという資料は見当たらない。そのため1950年代当時の原子力世論を客観的に判断することは難しい。しかし先述のように，この時期の原子力発電施設の建造ペースや，大学における新学科の創設状況を見ると，国内の原発世論は肯定的であったと予想される。

2．事故の影響を受けやすい原子力世論

原子力世論は原子力関連事故の影響を非常に受けやすい。例えば自動車事故の場合，連日のようにテレビや新聞などで事故報道が見受けられるが，それをきっかけに自動車を手放す，あるいは自動車の運転をやめる人はまずいないだろう。飛行機事故は自動車事故に比べると多少事故報道の影響を受けやすいと考えられるが，それでも遠距離旅行に飛行機を利用する人が激減したという報道は過去にはそれほど多くない。

自動車や飛行機は，それを利用する人に選択権がある。そのため，自動車を運転する，あるいは移動に飛行機を利用する場合には，利用者自身に利用のためのリスクに関する自己責任が求められる。しかし原子力発電の場合はこの限りではない。日常生活のなかで利用する電力のうち3割以上が原子力に頼っているという現状を理解することはできても，仮に危険だからといって，個人が原子力からの電力供給をやめるという選択はできない。つまり，原子力発電では，たとえ個人がその技術に危険を感じていても，原子力発電を放棄するという選択を自由にとることができないという特徴がある。自由な選択権がないと

いうことは，利用に不安があってもそれを自分の意思でどうこうできないということであり，自由裁量が個人にないぶん，世論として現れる意識が敏感になることが，原子力世論が事故の影響を受けやすい理由の1つであろう。

そこでまずここでは，国内の原子力世論に大きな影響を与えたと考えられる代表的な原子力関連事故についておさらいをしておき，次節では，それらの事故を念頭に置いたうえで，原子力世論の変遷を具体的なデータから読みとっていくことにする。

原子力船「むつ」の放射線漏れ事故（1974年）

昭和49年（1974年）8月26日，出力上昇試験のため出港し，太平洋上で試験航海中であった原子力船「むつ」から，同年9月1日，出力上昇試験の初期段階で，わずかな放射線漏れが確認された。洋上での修理が不可能だったことから，当時母港と決められていた青森県むつ市の大湊港への入港を検討したが，地元住民が反対したため，出航後51日間洋上を漂流し続けた。

事故原因は，設計・製造上の小さなミスによるものであった。しかし，当時この事故はマスコミによって放射性物質の漏えいと報道され（実際には放射線漏れだった），国民の原子力施設への不安感がいっきに高まった。原子力船「むつ」はその後の修理費や岸壁使用料，そして新しい母港建設のために莫大な費用がかかっており，その総額は「むつ」本体の建造費の15倍以上とされている。こうしたことが原子力政策に対する国民の不信をかう原因となっている。

スリーマイル島（TMI）原子炉事故（1979年）

昭和54年（1979年）3月28日，アメリカ合衆国TMI原子力発電所2号炉において一次冷却材が漏えいするトラブルが発生した。冷却水ポンプが破損し，空焚きになっていたため，緊急炉心冷却装置が働いて，炉心に水が注入されたが，運転員が間違って注入弁を閉めてしまったために温度がさらに上昇し，炉心溶解に至ったという大事故である。

事故の結果，放射性物質が放出されたが，大部分の放射性物質は一次冷却系内部にとどまり，発電所の外へは放出されなかった。結果として周辺住民の健康への影響は無視できる程度であったとされている。世界で2番目に大きな原

子炉事故であったにもかかわらず、死者は出なかった。しかしこの事故をきっかけに、アメリカのみならず、日本においても原子力発電に対する不安が高まっていった。

敦賀原発の放射能漏れ事故 (1981年)

　敦賀原発周辺の定期モニタリング調査をしていた福井県衛生研究所が、海藻から平常時の10倍という高い放射能が検出されたと発表した。さらに調査を進めた結果、本来放射能が検出されるはずのない一般排水路の出口に積もった土砂からも、高濃度の放射能が検出された。原因は1ヶ月前に発電所の廃棄物建屋内で放射性廃棄物貯蔵タンクを洗浄した際、大量の放射性廃棄物がタンクからあふれたことによるものだということが後に明らかになるのだが、こうした事故の詳細よりも、大量の放射性廃棄物がタンクからあふれたという事故を、発電所が隠していたことがマスコミなどによって大々的に報じられる結果となった。

　この事故は、原子炉本体の事故ではない。しかし「事故隠し」という事実が明るみに出たことにより、日本国内で原子力発電への不信感をさらに高める原因の1つになった。

チェルノブイリ原発事故 (1986年)

　昭和61年 (1986年) 4月26日、旧ソ連のチェルノブイリ原子力発電所4号機において、実験が行われた。その際、予定外の出力での運転や、緊急停止すべき状態を無視して運転を続けたなど、運転員による規則違反が重なったことが原因となり、原子炉の出力暴走と、それに伴う施設の破壊を引き起こし、大量の放射性物質が国境を越えて飛散した。

　この事故によって飛散した放射能は周辺住民や環境に大きな影響を与え、31名の死者と多数の被曝者を出した。現在でもその影響は近隣諸国で続いている。事故後継続的に行われた疫学調査によると、事故当時低年齢であった幼児や子どもを中心に甲状腺ガンが増加している。

　チェルノブイリ原子力発電所は、事故以前から様々な設計上の欠陥を有していたとされている。にもかかわらず、事故当時、安全対策のないまま、責任者

の承認も受けず，原子炉技術者でなく電気技術者が実験を指導していた。また実験自体の計画も安全対策を欠いた，ずさんなものであったことがわかっている。

動燃火災事故（1997年）

　平成9年（1997年）3月11日，茨城県東海村の動力炉・核燃料開発事業団（動燃）東海事業所にある放射性廃棄物のアスファルト固化処理施設で火災が発生した。この施設ではアスファルトと放射性廃液を加熱しながら混ぜ，廃液中の水分を蒸発させてドラム缶につめ，自然冷却させるという作業が行われていたのだが，自然冷却中のドラム缶が発火したことが火災の原因である。1回目の火災時の消化が不十分であったために，およそ10時間後に再発火していること，放射性物質が屋外に放出されたことなどを総合すると，当時の国内原子力事故としては最も大規模のものであった。

　さらにこの事故には大きな後遺症があった。事故に関して動燃が科学技術庁に宛てた報告書に，事実に反した虚偽の報告が含まれていたこと，事実に反しながら隠蔽工作が組織的に行われていたことなどが明るみに出ている。

　動燃はこのほかにも1995年12月，福井県敦賀市にある高速増殖炉「もんじゅ」で起こったナトリウム漏れ事故，1997年4月，敦賀市にある新型転換炉「ふげん」で起こった重水漏れ事故などにおいて，不祥事が発覚している。翌年（1998年）に動燃は解体し，核燃料サイクル機構が新たに発足している。

JCO臨界事故（1999年）

　平成11年（1999年）9月30日，東海村にあるウラン燃料加工工場（JCO）で起こった臨界事故は国内で初めて死者を出す大惨事となった。JCO臨界事故は，国内最大というだけでなく，世界的に見ても3番目に大きな原子力事故である。第1・2章に詳細があるのでここでは詳述しない。

3．国内原子力世論の変化

　原子力世論に影響を与える可能性のあるいくつかの事故・事件を指摘した。

指摘した事故・事件が世論を揺るがした可能性は十分に考えられるが，具体的にどのような変化をもたらしたのかについてはやはり実際のデータを見る必要があるだろう。ここでは，国内における原子力世論がどのように変化したかについて，国内で継続的に実施されている代表的な世論調査のデータを見ていくことにする。

総理府世論調査（図4.1）

初めに見ていただきたいのは，総理府が1968年から継続的に行っている原子力発電の進め方に関する調査である（図4.1）。「増設する」ことに賛成する回答は，1968年では58％，1969年では65％と高い値を示している。しかし1975年には「増設する」という回答は39％にまで落ち込んでいる。前の年の1974年に原子力船「むつ」による放射線漏洩事故が起こっている。翌年の1976年には増設支持が50％にまで回復しているが，1980年には38％にまで下降。その後も1980年代は3〜4割程度の支持となっている。

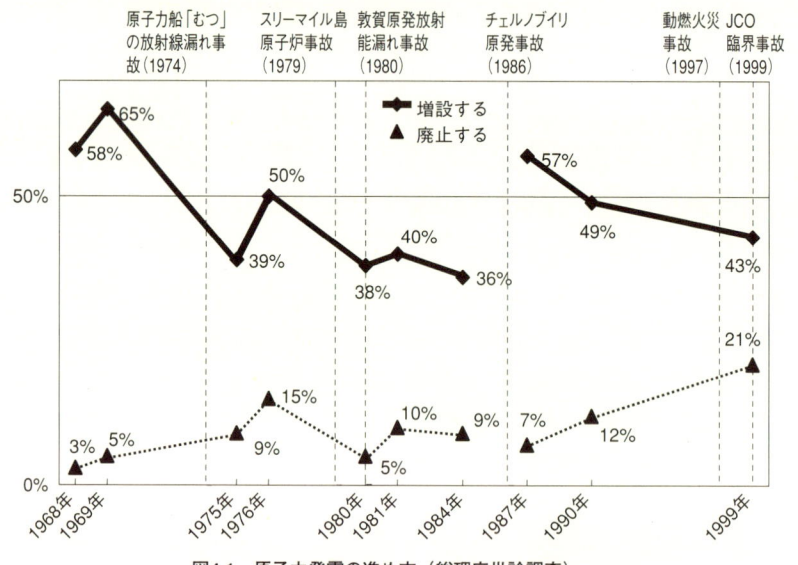

図4.1 原子力発電の進め方（総理府世論調査）

注）1987年以降の調査では選択肢に「慎重に増やす」を追加しているため，それ以前の調査との単純な比較は難しい。

ところが1987年,「増設する」の回答率が57％にまで回復している。チェルノブイリ原発事故の翌年であるにもかかわらず,増設支持率が急上昇しているのは不可思議である。そこで1987年以降の総理府調査についてもう少し調べてみると,1987年以降の回答には原子力発電を「慎重に増やす」という選択肢が追加されている。そのため,「増設する」の割合には,実際には「慎重に増やす」と回答したものも含まれていることになり,これが増設支持率の増加につながったようである。1984年以前とまったく同じ回答選択肢を用いていたならば,1987年の調査では増設支持にかなりの落ち込みが見られたことも予想されるが,現段階では推測以上のことは言えない。また1990年代に実施されている2回の調査では「(「慎重に増やす」を含んだ) 増設する」が49％,43％と1987年と比べ下降している。グラフには表記していないが,1990年調査では「積極的に増やしていくほうがよい」が4.8％,「慎重に増やしていくほうがよいがよい」が43.7％と,圧倒的に慎重に増やす派が多い。総理府の調査では1987年以前とそれ以後の世論変化の解釈を慎重にする必要があるが,グラフ全体を見渡すと,増設派が減少し,廃止派が増加する傾向が読みとれる。

朝日新聞の世論調査（図4.2）

原子力関連の文献で比較的よく引用されるデータである。1978年から1996年までの世論調査結果がそろっている。ここでは「あなたは,これからのエネルギー源として原子力発電を推進することに賛成ですか,反対ですか」と問い,「賛成」「反対」「その他」の回答選択肢から選択するようになっている。

1978年には原発推進に賛成が55％,反対が23％と,圧倒的に原発推進派が多い。1979年にはこの差がさらに開き,賛成が62％と6割を超え,反対が21％と減少している。1979年のTMI原子炉事故後の調査では,原発推進賛成が減少し,反対が上昇している。総理府世論調査では1977年から1979年までの3年間の調査資料がないため,1976年の原発増設優勢の世論が,翌3年間でどのように推移していたのかわからない。朝日新聞の世論調査では1978年の段階で原発推進賛成が5割を超えており,また1979年の調査がTMI事故以前のものだとすると,国内世論は1979年の事故直前までは推進賛成多数,反対

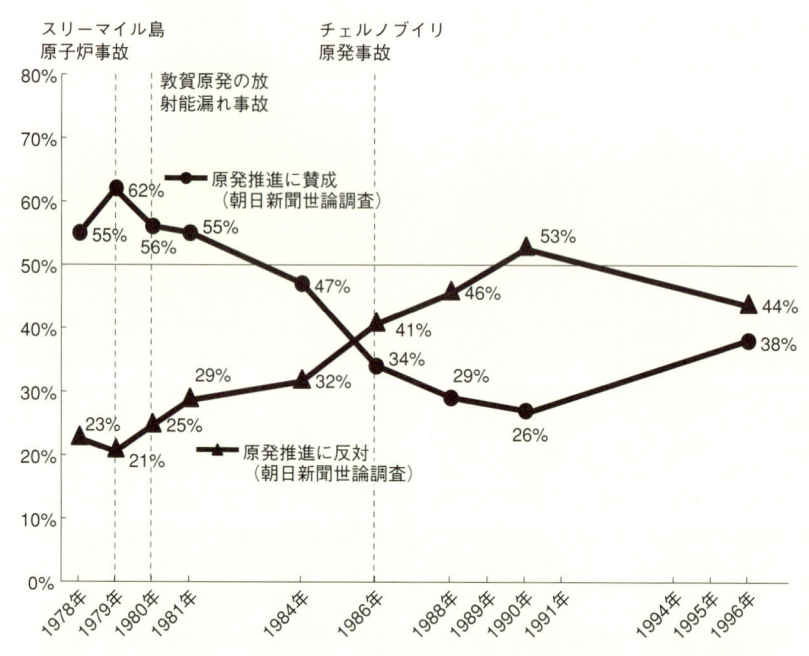

図4.2 あなたは，これからのエネルギー源として原子力発電を推進することに賛成ですか
(朝日新聞「定期国民意識調査」ほか)

少数だったが，TMI 事故後に世論が大きく変化したと予想できる。

　原発推進賛成の国内世論を，TMI 事故が覆すきっかけになっていたことは予想に難くない。ただし国内世論が，推進賛成から推進反対に転換することになる決定的な事故は，やはり 1986 年のチェルノブイリ原発事故である。1986 年の朝日新聞世論調査では，原発推進に賛成が 34％，反対が 41％となっており，それ以前の調査に比べ，初めて反対派・賛成派の割合が逆転したことがわかる。2 年後の 1988 年には賛成 29％，反対 46％，また 1990 年の調査では賛成 26％，反対 53％と賛成派の減少，反対派の増加が読みとれる。

　朝日新聞世論調査の場合，1990 年からつぎの調査までに 6 年の期間がある。そのため，1990 年以降の世論の変化を正確に読みとることはできない。しかしながら 1996 年に行われた世論調査では，推進賛成が 38％，推進反対が 44％となっており，1990 年に比べて賛成派の増加，反対派の減少傾向が見られる。

NHK世論調査（図4.3）

つぎは，NHKによる世論調査である。この調査は原子力発電を「積極的に進めるべきだ」「慎重に進めるべきだ」「これ以上進めるべきでない」「やめるべきだ」の選択肢でたずねている。図4.3では「積極的に進めるべきだ」「慎重に進めるべきだ」を『推進』，「これ以上進めるべきでない」「やめるべきだ」を『反推進』として換算している。

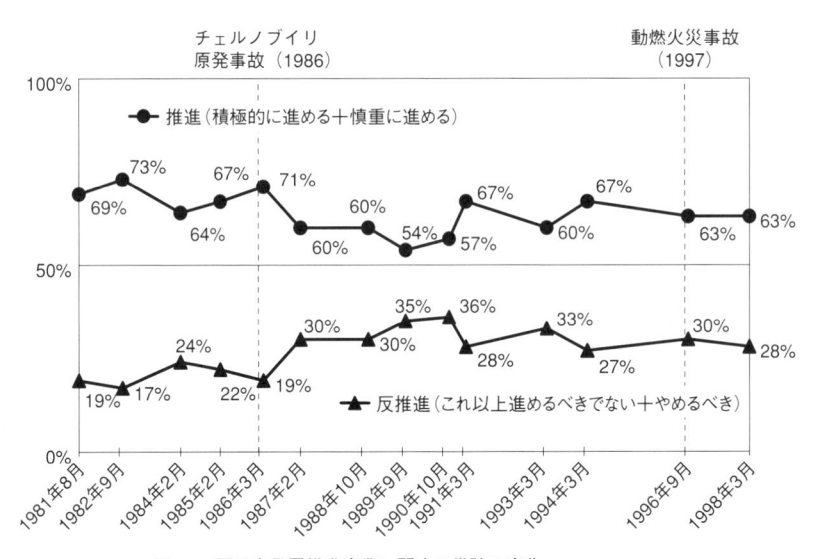

図4.3 原子力発電推進事業に関する世論の変化（NHK調査より）

1981年の時点では，推進が69％，反推進が19％と圧倒的に推進派が多い。その後も推進は6～7割程度で推移し，反推進も2割前後で推移している。しかし朝日新聞による世論調査同様，1986年のチェルノブイリ原発事故後は推進派の減少，反推進派の増加が見られ，世論が大きく変化したことがわかる。ただし1990年ごろから原発推進が増加に転じ，また反推進が減少に転ずるという傾向が読みとれる。朝日新聞の世論調査などと比べると推進派のパーセンテージが極端に高い。そのため一概に値の大小を比較することはできないが，チェルノブイリ原発事故以前に多数派だった原発推進が，事故後に減少，そして1990年代になって再び増加の傾向が見られるなどは，朝日新聞世論調査に

も見られる特徴である。

(社)エネルギー・情報工学研究会議世論調査（図4.4）

次は(社)エネルギー・情報工学研究会議の調査である。この機関は，1985年に社団法人として設立され，石油以外のエネルギーを利用するための発電技術に関する調査研究を行っている。この調査では今後原子力発電を建設することに対して，「積極的に推進する」「少しずつ推進する」「現状を維持する」「少しずつ廃止する」「全面的に廃止する」「わからない」の選択肢が設けられている。図4.4は，このうち「積極的に推進」「少しずつ推進」を『推進』，「少しずつ廃止」「全面的に廃止」を『廃止』として集計した（「現状を維持する」はグラフに示していない）。なお，エネルギー・情報工学研究会議の調査は，全国を対象とした調査と，サイト（原子力発電所立地地域）を対象とした調査の2種類が報告されているが，図4.4は全国を対象とした調査の結果のみを記載した。これまで紹介した世論調査には1970年代のデータも含まれていたが，エネルギー・情報工学研究会議の発足が1980年代であることから，90年代以

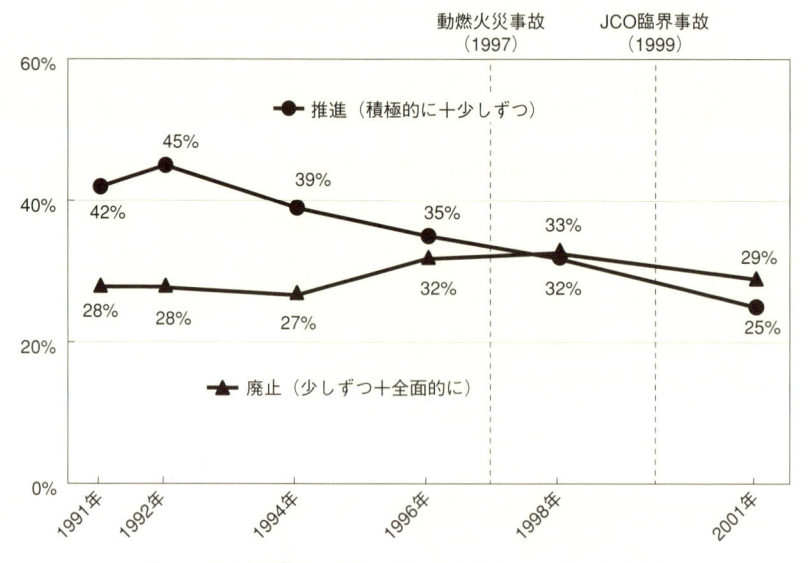

図4.4　原子力発電所の建設に対して（エネルギー・情報工学研究会）

降の調査結果が中心となる。

1991年には42％，1992年には45％だった推進派が，1994年以降減少する傾向が見られる。また1991年から1994年まで横ばいだった廃止派の割合は，1996年，1998年には増加している。エネルギー・情報工学研究会議の世論調査では，1990年代の原発建設に関する世論が，推進減少，廃止増加の傾向にある事を示している。

社会経済生産性本部世論調査（図4.5）

原子力発電の推進事業に関する世論調査のなかで，最後に紹介するのが(財)社会経済生産性本部による世論調査である。この調査は，資源エネルギー庁の委託事業として1989年からほぼ年1回のペースで行われている。今回は2000年までのデータを記載したが，調査は現在も継続している。

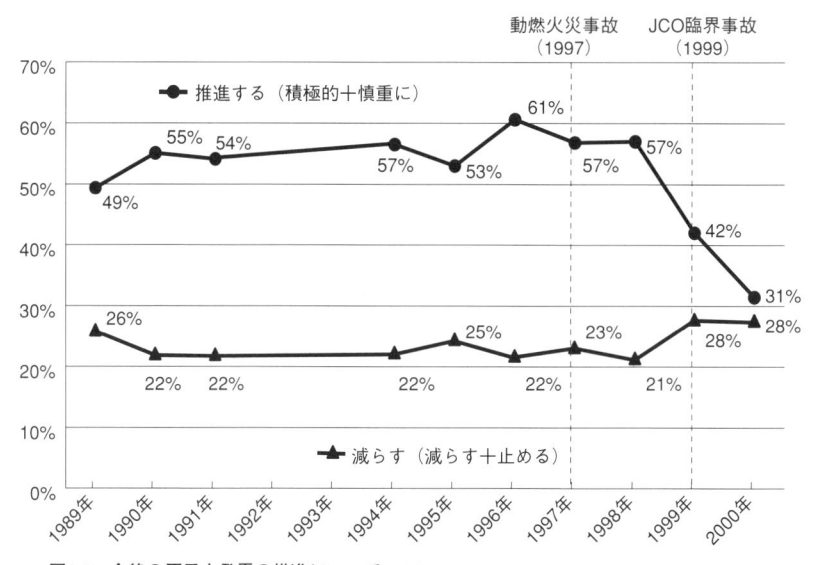

図4.5 今後の原子力発電の推進について（社会経済生産性本部，平成13年3月報告書より引用）

「あなたは，今後の原子力発電について，どのようなご意見をおもちですか。最も近いものを1つ選び，その番号に○をつけてください」という問いに対して，「積極的に推進していくほうがよい」「慎重に推進していくほうがよい」

「現状を維持したほうがよい」「現在より減らしたほうがよい」「現在動いているすべての原子力発電を止めたほうがよい」「わからない」のなかから回答を求めている．図4.5に示したグラフは，「積極的に推進していくほうがよい」「慎重に推進していくほうがよい」を『推進』，「現在より減らしたほうがよい」「現在動いているすべての原子力発電を止めたほうがよい」を『廃止』と換算し記載した．

1989年から1990年の間に，推進増加，廃止減少の傾向があり，その後1994年まではほぼ横ばい状態である．1995年から，推進と廃止のパーセンテージが若干上下し，1996年には推進が61％とピークを迎えている．動燃火災事故のあった1997年ごろから推進減少の傾向が見られ，JCO臨界事故のあった1999年には推進が激減している．ただし，この激減に反比例する形で廃止が激増したわけではない．このグラフからではわかりづらいが，このことは「現状を維持したほうがよい」の回答率が増加していることを意味している．つまり，社会経済性生産性本部の調査では，JCO事故後，推進の必要はないが，かと言って現在稼動している原発を積極的に廃止することができない現状も認識されているらしく，現状維持が適当ではないかという世論の動きが調査に反映されていると考えられる．

これまでに紹介した世論調査の調査内容は，主に「今後，原子力発電を推し進めていくこと」にかかわるものであった．全般に70年代までは原発積極推進の傾向が見られたが，1979年のTMI原子炉事故後に原発推進にかげりが見え始め，チェルノブイリ事故によって原発推進の勢いはなくなったと言えるだろう．しかし1990年代にはまた世論が原発推進の方向に動き出しつつあるという傾向も認めることができる．1990年前後というのは日本がバブル経済の真只中だった時期である．この時期は家電製品の購入，新規家電製品の開発などによって，身の回りが家電製品であふれていたと言ってもいい．とくにこの時期の家電製品として普及した代表格の1つにウォシュレットがあげられる．こうした家電製品依存によって，豊かな暮らしを得た国内では，ますます原発を含む電力への依存度を高めていくことになる．1990代以降の推進派増加傾向の理由はこうしたバブル期の豊かな暮らしの影響が考えられるだろう．

3. 国内原子力世論の変化　71

とは言え，例えば総理府の調査を見ると，1999年の調査では原発を増設したほうがよいと考えていた者は43％，1996年の朝日新聞世論調査でも38％，2001年に実施されたエネルギー・情報工学研究会の調査でも25％といずれも5割を下回った数値となっている。1970年代後半には6割を超える推進派がいたことを思うと，原発推進を積極的に唱える時代でなくなっていることは確かである。

その一方で，原子力発電の「必要性」と「重要性」を見ると，国内世論に興味深い特徴がある。つぎはこの点について簡単に紹介しておく。

図4.6は，エネルギー・情報工学研究会議と社会経済生産性本部が継続的に行っている調査結果（あるいはその一部）である。エネルギー・情報工学研究会議の調査では，「あなたは，原子力発電が今後の日本の電力需要を満たすのに，どの程度重要になるとお考えですか」と問い，「非常に重要である」「ある程度重要である」「あまり重要でない」「まったく重要ではない」「わからない」のなかから回答を選択させている。グラフのなかでは「非常に重要である」「ある程度重要である」を『原子力は重要』，また「あまり重要ではない」「ま

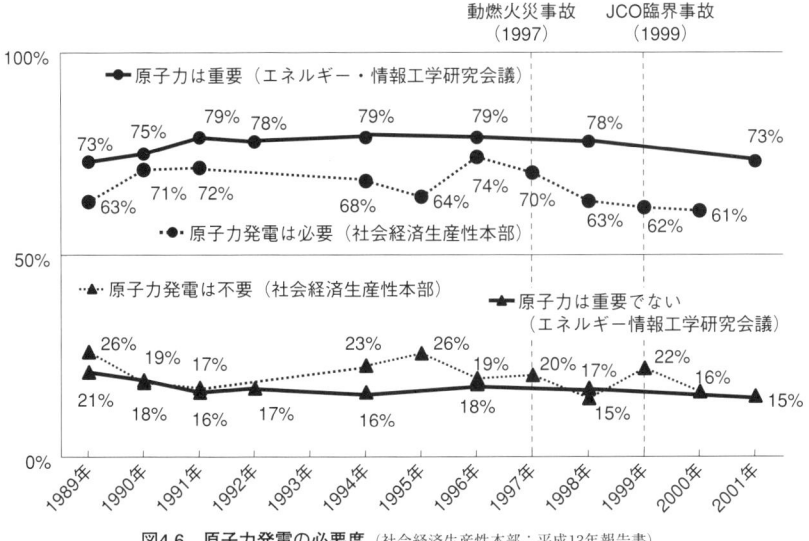

図4.6　原子力発電の必要度（社会経済生産性本部：平成13年報告書）
　　　　と重要度（エネルギー・情報工学研究会議：2002年報告書）

ったく重要ではない」を『原子力は重要ではない』と換算して表している。社会経済生産性本部の調査では、「あなたは、原子力発電は日本にとって必要だと思いますか。最も近いものを1つ選び、その番号に○印を付けてください」という設問に対して、「必要である」「どちらかといえば必要である」「どちらかといえば不要である」「不要である」「わからない」から回答を選択するようになっている。グラフでは「必要である」「どちらかといえば必要である」を『原子力発電は必要』、また「どちらかといえば不要である」「不要である」を『原子力は不要』と換算して表記した。

まず、エネルギー・情報工学研究会議の重要度調査を見てみる。1989年以来、常に7割以上の者が原子力は重要だと答えている。1989年に不要と回答した者が21％いたが、その後は10％台後半で推移している。JCO事故があったのは1999年だが、エネルギー・情報工学研究会議はその翌々年の2001年に同様の調査を行っており、結果は「重要」が73％、「重要でない」が15％となっている。この調査結果を見る限り、重要度の世論に関してJCO事故の影響があったとは言い難い。

つぎに社会経済生産性本部の必要度調査を見てみる。1989年に原子力が必要だと回答した者が63％だったが、翌年の1990年には71％、また1991年には72％にまで増加している。1992年、1993年は調査が実施されていないが、1994年以降も60～70％台で推移している。1999年の調査はJCO事故の直後（11月）に行われている。62％となっているが、前年の1998年の段階で63％であったことから、翌年の62％という値にJCO事故の影響であった可能性は低い。一方、原子力は不要かどうかを見ると、1999年には22％となっており、前年の15％から7ポイント上昇している。もちろん不要の世論が増えたことはJCO事故の影響と見ることができるだろうが、それにしても7ポイントの上昇がそれほど大きな影響とは言い切れないだろう。翌年の2000年には原子力発電が不要という回答が16％にまで減少していることから、必要度においてもJCO事故の影響が強くあったという証拠は見出せない。

このように6割以上が原子力を必要だと考え、7割以上が原子力発電が重要であると考えている。また原子力が不要だ、重要でないという世論は3割に満

たない。どのような内容の質問が，原子力に対する世論を測定していると考えるかは重要な問題であり，その定義はきわめて難しい。しかしこれまでに紹介した国内の代表的な世論調査結果をもとに現在の原子力世論を推測するならば，原子力発電所の立地に関しては1960〜70年代ほど積極的な姿勢は見られないものの，原子力発電所の重要性・必要性については十分に高い認識がなされていると言えるだろう。

〈引用文献〉
柴田鉄治・友清裕昭　1999　原発国民世論―世論調査にみる原子力意識の変遷　ERC出版

5

調査概要

岡本浩一・鈴木靖子

1. 概要

　この調査研究は，元来，JCO事故とは別に，アメリカとフランスで1992年に実施された2ヶ国比較調査データに日本のデータを加え，日米仏の3ヶ国比較調査とするために計画していたものである。後述するような理論的予測のもとに，翻訳，再翻訳による翻訳の確認作業など，必要な作業がほとんど終わり，実施を目の前にしていたところで，1999年9月30日にJCO事故が起こった。JCO事故は，西側世界で起こった原子力事故としては最悪のものである。比較的軽微なスリーマイル島の事故以外，大きな事故を経験していない3つの社会を比較するという研究当初の前提が崩れてしまった。

　研究の実施，調査内容の変更など様々な可能性を視野に入れて，種々検討した結果，つぎの要領で調査を実施することとした。

1. 当初の変数構成，理論構成は変更しない。
2. 当初，日本人全体を母集団とした無作為標本を予定していたが，サンプル計画は，この事故の影響が異なるであろうと考えられる地域群を考慮して変更する。
3. 事故直後の世論の動揺がある程度治まるまで待ち，定常状態になったと考えられる時点で調査を実施する。

調査年次は，米仏が1992年で日本が1999年と，7年間の隔たりがあり，かつ，日本では，前例のない規模のJCO事故が起こった。その意味で，比較文化研究の一種として計画されていた当初の3ヶ国調査の前提が大きく崩れている。けれども，今後の中・長期的な原子力への社会的態度を予測しようという観点からは，意義のあるデータであることを強調したい。JCO事故が起こってしまった限り，この事故が起こる前の状態に日本の世論が戻る可能性はない。今後の日本の原子力世論は，ずっとこの事故の影響を逃れることはできないのである。そうであれば，この3ヶ国調査がもつ新しい意義も明らかであると考えられる。

　この調査計画では，原子力発電に対する態度を，より一般的な理論的モデルの中で一定の理論的予測のもとにとらえている。以下に，構成する理論的変数を列挙する。

・原子力に対する自由連想
・原子力に対する態度
・種々のリスク（原子力含む）に対するリスク認知（社会一般に対するリスクと自分に対するリスク）
・種々のリスク（自然放射線，残留農薬，オゾン層破壊など）による健康影響の認知
・マクロな社会的問題の重要度認知（エネルギー問題含む）
・環境問題への関心度
・リスクについての知識
・リスクについての統制感
・原子力発電への態度
・科学に対する態度
・原子力についての社会的信頼感
・原子力発電立地に対する態度
・原子力リスク・化石燃料発電リスクに対する「恐れ」「未知性」認知
・種々の発電手段（火力，太陽光，天然ガス，原子力，水力，風力など）の個

人的受容」
- 価値観（権威主義，平等観など，デイク（Dake, K.）の世界観理論に準拠）
- 心理的性別アイデンティティ（ベム（Bem, S.L.）の理論と尺度に準拠）
- 環境保全運動への従事
- 政治的態度（支持政党含む）
- デモグラフィックな要因（性別，年齢，学歴，原子力との職業的かかわりなど）

　これら変数に対する理論的文脈の記述は，個々の分析に則して詳述することとなるが，全体的には，リスク認知や原子力に対する認知を，広範な社会的・心理的な個人差によって規定されているという視座に立って予測が打ち出されている。この，「リスク認知の個人差モデル」がこの3ヶ国比較調査の最も顕著な特徴である。

2. アメリカ，フランスにおける調査の狙いと調査方法

　日本での調査に先あたり，アメリカとフランスとで比較調査が実施されている。先進国における原子力発電への移行について，アメリカはその移行が遅れている国の1つであり，フランスは最も進んでいる国の1つである。また，アメリカは中央政府への信頼感が最も低い先進国家の1つであり，フランスは政府への信頼感が最も高い先進国家の1つである。社会的価値観についても，権威主義，政治的態度などで，この2ヶ国は，先進国の両端になると考えられるくらい，違いが大きい。この2ヶ国を比較することにより，原子力発電の社会的受容がどのような要素に依存するのかを調査することがこの研究の特徴となっている。米仏の調査実施時期は1992年の冬であった。

米仏調査の調査対象者
　調査対象は18歳以上である。電話番号のランダム・ディジット・サンプリング[1]という方法による無作為抽出を行い，電話調査で回答を回収している。アメリカにおける調査完了数は1,512人で回収率50.7％，フランスにおける調査完了数は1,550人で回収率は49.7％であった。

3. 日本における調査と方法論

日本の調査における方法はつぎの目的を果たすことを考慮に入れて計画した。
1. 質問紙の内容がアメリカ語版，フランス語版と同等と見なし得るように翻訳をし，さらに翻訳等価性を可能な限り正確に確認すること
2. JCO事故の影響が異なると予想される国内の地域差が評価可能であること
3. 当初の目的であった日米仏の3ヶ国比較が可能であること

(1) 日本版質問紙の作成プロセス

日本語版質問紙がアメリカ，フランスの調査で用いられた質問紙と同等の質問紙とするために，以下のように翻訳および翻訳確認過程をおいている。

まず，1999年4月から6月にかけて，アメリカの調査で用いられた英語版質問紙をもとに，全質問項目の日本語訳を作成した。本調査の企画・実施の主体である委員会において，すべての質問文と回答選択肢について逐一検討・承認を行い，その際に，英語版質問紙の質問項目でニュアンスが不明瞭なものなどについては，英語版質問紙の責任者であるジェームス・フリン（James Flynn）博士に確認を行った。また，アメリカと日本とで状況の異なる若干の項目（最終学歴，支持政党，所得水準など）については，日本の社会事情に合わせて最小限の修正を行った。

つぎに，これまでに社会調査の質問紙翻訳の経験があり，かつ，もとの英語版質問紙を見たことがなく，この研究の翻訳会議にも出席したことのない第三者の研究者により，そのでき上がった日本語版質問紙を，再度英語に翻訳した。この再翻訳版ともとの英語版質問紙を照合し，翻訳等価性の観点から日本語版質問紙に必要な修正を委員会として行った。さらに，再翻訳版について，英語版担当者のジェームス・フリン博士とポール・スロービック（Paul Slovic）博士の校閲と承認を得た。

国際比較を目的とする社会調査に必要とされるこれらの過程を経て，日本語

版質問紙が完成した。

(2) サンプリング計画

　米仏の調査では電話番号によるランダム・ディジット・サンプリングが用いられていたが，日本の調査では，(a) JCO 事故のあった茨城県東海村と那珂町，(b) 原子力発電所の立地地点，(c) 政令指定都市の3地点による重み付け層化抽出をすることとした。その理由は，JCO 事故の世論への影響がこの3種類の地域で異なるであろうと考えられたからである。JCO 事故は核燃料施設での事故であり，その事故の成り立ちは，原子力発電所などで起こり得る事故とかなり異なっている。したがって，JCO 事故が原子力発電所における事故の可能性を示唆する新しい判断材料になったということはないはずであるが，世論への影響という観点では，それまで安全だと聞かされてきた原発立地地点の原子力不信を増加させた可能性が高かった。

　したがって，この3地域を積極的に区別するサンプルデザインが必要であると判断した。そのため，いわゆるナショナルサンプルを念頭においたサンプルデザインからは意図的に乖離した。

　それぞれ層化したなかでは，選挙人名簿に基づくランダムサンプリングを行った。

　電話番号にもとづくサンプリング（米仏）と選挙人名簿によるサンプリング（日本）による母集団の違いについて，考察しておくことが必要である。

　アメリカ，フランスの調査で用いられた，ランダム・ディジット・サンプリングによる抽出方法を日本においても採用することを検討したところ，つぎのような問題点を予測した。

1. 電話調査と郵送調査の比較（1）：日本では電話調査によるサンプルの歪みが大きくなる可能性が予測された。調査対象に該当する人が有職者の場合，その帰宅時間がアメリカ，フランスに比べて遅いために調査の機会が得られにくく，結果としてサンプリングの均衡（男性が選択的にサンプルから漏れる不均衡，就労年齢層が選択的に漏れる不均衡）を崩す恐れがあることが予測された。
2. 電話調査と郵送調査の比較（2）：日本においては，電話を用いた訪問販売

が多く，また無報酬で個人の意見を反映させようという風土が乏しいことから，質問項目の多い電話調査は抵抗感が先行する傾向がある．とくに今回のように分量の多い質問紙の電話調査については，調査業者も経験がなく，回答率の予測がまったく立たなかった．

3. 選挙人名簿を台帳にする問題点：米仏のランダム・ディジット・サンプリングでは，国籍のない人でも生活実態のある人はサンプルに含まれることになる．選挙人名簿を台帳にすると外国人がサンプルから除外されるとともに，母集団が20歳以上になってしまう問題点がある．しかし，日本の場合，外国人滞在者の日本語の水準が一般にあまり高くないために，この質問紙に回答することが難しいことが予想されるとともに，原子力世論への彼らの寄与も低いものと考えることができる．また，米仏では戸籍関係の資料が利用可能でないためにランダム・ディジット・サンプリングが発達したわけであるが，日本では選挙人名簿が利用可能であるから，これを用いるほうが，サンプリングの手法としては，はるかに優れているとの判断をした．

これらの理由から，選挙人名簿による無作為抽出を行い，郵送調査を実施した．調査対象地域はつぎの3グループである．東海村・那珂町の住民を対象とする事故当該地域，人口1万人以上の原子力発電所立地点の住民を対象とする原発立地地域，制令指定都市及び東京23区の住民を対象とする都市部地域である．サンプリングにもとづく質問紙発送総数は，事故当該地域が1,402通，原発立地地域が908通，都市部地域が2,000通であった．

(3) 日本での調査期間

調査は，前章で述べたJCO事故からある程度の時間が経過し，マスコミ報道も世論もある程度定常的になったと考えられる時期を選んで行うことが必要と考えられた．その結果，1999年11月第1週に郵送による質問紙配布を行った．そのうち，2000年1月10日までに投函されたものを有効として分析の対象とした．

本来，この事故に至る作業にかかわり，重篤な被曝をし，死亡が確実視され

ていた作業員の死亡報道を待ち，その死亡に関する報道がいったん治まった時期を待つのが賢明と判断していた。ところが，12月の年末から1月の年始に調査期間がかかると，回収率が大きく下がることが懸念された。それらを考え合わせて，11月第1週に発送することとなったのである。当該の作業員の死亡は12月21日だった。この日以前返送のものとこの日以後返送のものでは回答傾向が異なる懸念はあったものの，この日以後のものはごくわずかであったこと，この日以後返送のものでも，自由記述覧などから，回答そのものは12月21日以前であるとうかがわれるものが多かったこと，この作業員の方の死亡についての報道が全般的に冷静な内容であったことなどを勘案し，最終的に2000年1月10日の消印分までを回収期間とした。

(4) 回収率（表5.1）

日本の各地域の回答返却数は事故当該地域が437通，原発立地地域が265通，都市部地域が473通である。質問紙には各地域を表す5桁の数字が記してあったが，返却されたもののうちこの数字を調査対象者が切り取るなどして地域の特定が不可能な票が16票あり，これについては地域は不明のまま票として有効回答扱いとした。また，調査回収期間以降に返却された12票については分析には用いなかった。日本全体の回収率は28.2％である。

表5.1 日本における調査の回収率

	事故当該地域	原発立地地域	都市部地域	地域不明	日本全体
発送数[2]	1385	900	1889	0	4174
	(1402)	(908)	(2000)	(0)	(4310)
有効回答数 (2000年1月10日まで)	428	264	471	16	1179
2000年1月11日以降 回答数	9	1	2	0	12

調査票の回収率は，日本の3地域で有意差があった（$\chi^2(2) = 15.40$）。この結果は，日本全体のデータとして合わせて扱う際に注意を要することを示している。

4. 調査回答者の構成

性別（表 5.2）

表 5.2　3ヶ国 5 地域の調査回答者：性別

性別	地域	日本			アメリカ	フランス	3ヶ国全体
		事故当該地域	原発立地地域	都市部地域			
男性		209	146	260	729	729	2073
（％）		(49.3)	(55.7)	(56.3)	(48.2)	(47.0)	(49.2)
女性		215	116	202	783	821	2137
（％）		(50.7)	(44.3)	(43.7)	(51.8)	(53.0)	(50.8)
全体		424	262	462	1512	1550	4210

　3ヶ国5地域（事故当該地域，原発立地地域，都市部地域，アメリカ，フランス）における調査回答者の性別の内訳を見ると，アメリカ，フランスでは女性の回答者の比率が高く（アメリカ：男性＝48.2％，女性＝51.8％，フランス：男性＝47.0％，女性＝53.0％），日本の原発立地地域と都市部地域では男性が女性の回答者を10％以上上回っている（原発立地地域：男性＝55.7％，女性＝44.3％，都市部地域：男性＝56.3％，女性＝43.7％）。事故当該地域は回答者の男女比がおおむね同率であり（男性＝49.3％，女性＝50.7％），3ヶ国5地域全体では，男性が49.2％，女性が50.8％とほぼ男女同率となっている。

平均年齢（表 5.3）

表 5.3　3ヶ国 5 地域の調査回答者：年齢

	日本			アメリカ	フランス	3ヶ国全体
	事故当該地域	原発立地地域	都市部地域			
平均年齢	48.3	47.8	43.4	42.2	39.7	42.4

　3ヶ国5地域（事故当該地域，原発立地地域，都市部地域，アメリカ，フランス）における調査回答者の平均年齢は，フランスが39.7歳と最も低く，アメリカ，日本の都市部地域がそれに続いている（アメリカ＝42.2歳，都市部

地域＝43.4歳）。原発立地地域は2番目に平均年齢が高く（47.8歳），最も高いのは事故当該地域の48.3歳である。平均年齢の最も高い事故当該地域と最も低いフランスとでは，10歳近い開きがある。

各国の回答者の年齢

日本の調査回答者の男女別年齢分布を図5.1に示す。これを見ると，男女ともに20代，30代の回答者よりも，40代，50代の回答者が多くなっている（20代：男性＝70人，女性96人，30代：男性＝101人，女性＝91人，40代：男性＝152人，女性＝141人，50代：男性＝170人，女性＝140人）。60歳以上では，女性の回答者数が男性回答者数のおよそ半数（男性＝121人，女性68人）となっている。

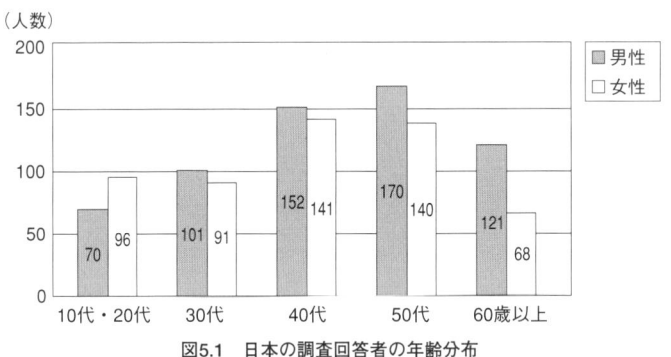

図5.1　日本の調査回答者の年齢分布

図5.2は，アメリカの調査回答者の男女別年齢分布である。男女ともに30代の回答者が最も多く（男性＝201人，女性＝196人），10代・20代，40代の回答者がこれに続いている（10代・20代：男性＝178人，女性＝171人，40代：男性＝150人，女性＝155人）。50代の回答者が最も少なく（男性＝92人，女性＝101人），60歳以上の女性は同年代の男性より回答者数が多い（男性＝104人，女性＝154人）。

フランスの調査回答者の男女別年齢分布を示したものが図5.3である。10代・20代と30代の回答者が多く（10代・20代：男性＝197人，女性＝236人，30代：男性＝196人，女性＝219人），40代がそれに続く（男性＝154人，女

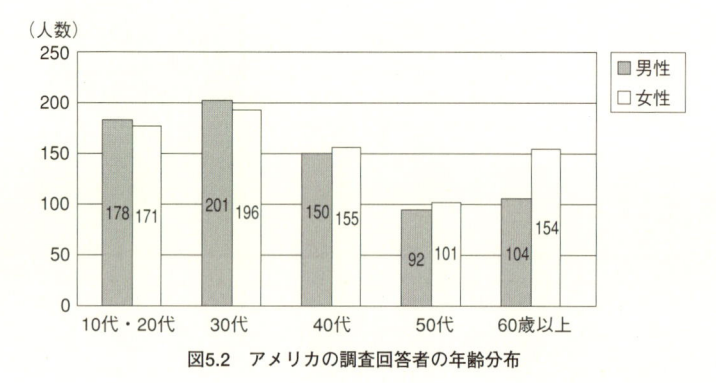

84   5   調査概要

図5.2　アメリカの調査回答者の年齢分布

年齢	男性	女性
10代・20代	178	171
30代	201	196
40代	150	155
50代	92	101
60歳以上	104	154

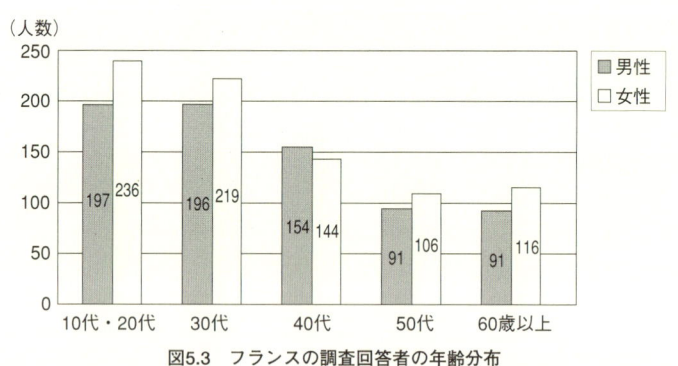

図5.3　フランスの調査回答者の年齢分布

年齢	男性	女性
10代・20代	197	236
30代	196	219
40代	154	144
50代	91	106
60歳以上	91	116

性＝144人）。50代が最も少なく（男性＝91人，女性＝106人），60歳以上においても50代の回答者数をいくらか上回る程度である（60歳以上：男性＝91人，女性＝116人）。

　3ヶ国の回答者数の分布を比較してみると，フランスでは，10代・20代および30代が高く，50代が最も低くなる谷型になっており，アメリカも同じような分布となっている。逆に，日本では40代および50代が高く，年齢の高い層と低い層で回答者数が少なくなるという，50代を頂点とした山型となっている。

最終学歴

　調査回答者の最終学歴は，教育制度が国によって異なることより，各国の質問紙表記で得た回答を3ヶ国でおおむね同程度になるように読み替えたものを

4. 調査回答者の構成　85

表5.4に示す。

表5.4　3ヶ国学歴読み替え表

日本の質問紙表記	日本(%)	アメリカの質問紙表記	アメリカ(%)	計算値	フランスの質問紙表記	説明	フランス(%)	
高校卒業未満	9.5	less than high school	8.6	1	Aucun diplome	小学校出ていない	9.9	23.4
					Certificat d'etudes (primaires)	小学校卒業	13.5	
高校卒業	38.7	high school graduate	40.3	2	CAP (Certifical d'aptitude professionnel)	職業資格証明 美容師など，中学を出てからいく。2年か3年。高卒はいない	16.8	34.4
					Brevet simple, BEPC, Brevet des colleges	中学教育第一期課程：高1終わった証明	8.4	
					BEP (Brevet d'enseignment professionnel)	職業教育免状：職業リセ終わった人。中学の後，職業リセ2年	9.2	
専門学校・各種学校卒業	23.1	At least 2 full years of college	21.9	3	BAC d'enseignment technique	バカロレア技術系をとった人：ふつう18歳	6.8	18.0
短大・大学に2年以上在籍					BAC d'enseignment general	バカロレアの本来のもの：18歳	11.2	
大学卒業	22.5	College degree	20.0	4	Niveau BAC +" (DUT, BTS, DEUG, instituteurs)	大卒に相当するが，バカロレアの後2年（日本とちがい，教養課程がない）	9.6	9.6
大学院入学・在学以上	3.7	Post graduate degree	8.9	5	Diplome de l'enseignement superier (2me, 3me cycle, grands ecole)	修士，博士に相当する	12.6	12.8
	2.6		0.3	missing	Autres	その他	1.8	1.9
					NSP	無回答	0.1	

5．各国の重み付け

本調査の分析にあたり，各国，各地域に重み付けをかけて結果を算出している。

重み付けの目的は次の2点である。
1. サンプル数の異なる3ヶ国の格差をなくすこと
2. 日本国内における調査対象者の抽出確率を同率にすること

各国の重み付けは巻末資料の表（P.195）にもとづいて算出している。

注
1) ランダム・ディジット・サンプリングとは，全国から局番を無作為に選び，局番のなかで有効な個番の範囲を定めたうえで，その範囲のなかから，割り当てた抽出数の個番をルーレット的に抽出し，そこに電話をかける。その上で，その世帯で調査条件を満たしている人（例えば，アメリカ，フランスにおける調査では，18歳以上の人など）のうち，いちばん最近に誕生日を迎えた人が誰かを尋ね，その人に代わってもらって，電話による質問紙調査を行う方法である。
2) 発送数の下段のカッコ内は各地域の発送総数である。この数から住所不明などによる戻り数を差し引いたものを有効発送数として上段に示している。

〈参考文献〉
総務庁統計局編　1998　国勢調査報告(平成7年第1巻)　日本統計協会

6
「原子力」からイメージされる連想語の国際比較

上瀬由美子

　読者の方は「原子力」という言葉を聞いて，まず何を思い浮かべるだろうか。ここまでJCO事故や原子力発電のことを多く紹介してきたため，「事故」「発電」「エネルギー」といった単語を思い浮かべる人が多いかもしれない。ではこの本を手にとっていない一般の人に尋ねたらどうだろうか。「原子力」という言葉から「原子爆弾」といった否定的な言葉や「怖い」というイメージを思い浮かべる人がいるかもしれないし，別の人は「クリーン」とか「鉄腕アトム」といった肯定的な言葉を思い浮かべるかもしれない。

　原子力という言葉からどのようなイメージを思い浮かべるかは，その人が原子力発電に対してもっている基本的なスタンスを端的に反映している。「原子爆弾」「怖い」というイメージを抱きやすい人は，原子力発電に反対するか消極的だろうし，「クリーン」などの肯定的イメージを抱く人は，原子力発電を支持したり反対する傾向は低いと考えられる。これらのイメージは，ある意味でその人の心のなかにある原子力のイメージを素直に引き出すものとも言えるだろう。

　また，原子力に対するイメージは被曝国である日本においてとくに否定的であるという意見がときに聞かれることがある。しかし実際に他国の人々が原子力についてどんなイメージをもっているのか，日本人の回答と差が見られるのかについて直接調査した研究は少ない。

　本調査では，この「原子力」という言葉から連想されるものを自由に書き込

んでもらう自由連想形式の設問を質問項目のなかに含めている。本調査研究はアメリカ・フランスの既存調査をもとにしているため，本章はこの設問に対する回答をまとめ，人々が抱く原子力に対するイメージを探り，アメリカ・フランスの回答と比較するとともに，そのイメージが原子力発電に対する態度とどのように関連しているのかを合わせて検討する。

1．連想語の分類

(1) 質問の形式と分類の枠組み

本調査の冒頭では，「原子力」という言葉を聞いて，浮かぶ言葉・イメージについて尋ねている。質問の形式はつぎのとおりである。いずれも空欄に自由に内容を記述する形式で回答を求めた。

　設問1　「原子力」という言葉を聞いて，最初に浮かぶ言葉，あるいはイメージは何ですか。

```
┌─────────────────────────────────────┐
│                                     │
│                                     │
└─────────────────────────────────────┘
```

　設問2　「原子力」という言葉を聞いて，2番めに浮かぶ言葉，イメージは何ですか。

```
┌─────────────────────────────────────┐
│                                     │
│                                     │
└─────────────────────────────────────┘
```

　設問3　「原子力」という言葉を聞いて，3番めに浮かぶ言葉，あるいはイメージは何ですか。

```
┌─────────────────────────────────────┐
│                                     │
│                                     │
└─────────────────────────────────────┘
```

1. 連想語の分類　89

　寄せられた回答は様々であるが，全体としてどのようなイメージが主となっているのかを調べてみた。アメリカ・フランスの既存調査では自由連想形式の回答を，類似したものをまとめあげてすでに表6.1に示すような形で分類している。本調査でもこれをもとにしながら，日本独自のカテゴリーをあらたに加える形で第1連想・第2連想・第3連想の各回答内容をまとめた。

(2) 第1連想（設問1）の回答結果

　まず，回答者がいちばん初めに思いついた言葉・イメージ（第1連想）について見てみよう（表6.1）。最も中心的なのは「エネルギー／力／電力／光」などの回答であり，回答者の3分の1がこれをあげている。原子力といえば，エネルギーや電力といった言葉を初めに思い浮かべる人が多いようだ。これらの言葉は，肯定的でもなく否定的でもない，中立的なものと言える。この中立的なイメージ（その他カテゴリー）は，全回答の4割を占めている。その一方で，「原子爆弾／爆弾／核兵器」という強く否定的な言葉をあげる人も2割近くを占め，そのほかの否定的な言葉と合わせると，否定的イメージも全回答の4割弱に達している。逆に「クリーン／クリーンな空気／クリーンなエネルギー」や「必要／もっと必要」といった肯定的イメージをあげる人は，全体の5％に満たない。多くの回答者が「原子力」という言葉からパッとイメージするものは，中立的か，あるいは否定的なものである場合が大半であると言えるだろう。

　表6.1では，第1連想の頻度を地域別に示した結果も合わせて示した。各回答の頻度が少ないため3地域の比較は難しいが，否定的イメージの割合に，差が見られている。都市部地域は連想のなかに否定的内容が含まれていた割合が4割であるのに対し，原発立地地域や事故当該地域では3割程度と低めになっている。前節では原子力世論に関する態度が，都市部地域に比べて，原発立地地域及び事故当該地域で肯定的であるとの傾向が示されている。自由連想においても，ほぼ同様の傾向が示されたことになる。

90　6　「原子力」からイメージされる連想語の国際比較

表6.1　「原子力」という言葉から連想されるもの　第1連想の頻度表

英語カテゴリー	日本語カテゴリー	事故当該地域 頻度	%	原発立地地域 頻度	%	都市部地域 頻度	%	日本全体(地域不問除く) 頻度	%
Negative Concepts and consequences	**否定的内容**								
A-bombs/bombs/atomic weapons	原子爆弾／爆弾／核兵器	53	12.38	44	16.67	110	23.35	210	17.81
Dangerous/toxic	危険／慢性的被害	30	7.01	17	6.44	25	5.31	74	6.28
War/annihilation/end of world/holocaust	戦争／大量殺戮／世界の終わり	2	0.47	2	0.76	6	1.27	10	0.85
Waste/garbage/dumps/nuclear waste	ごみ／核廃棄物	1	0.23	0	0	1	0.21	2	0.17
Destruction	破壊	0	0	0	0	1	0.21	1	0.08
Death/sickness/killing	死／病気／殺人	3	0.7	3	1.14	3	0.64	9	0.76
	被曝	3	0.7	3	1.14	4	0.85	10	0.85
Accident/meltdowns/disaster	事故／炉心溶融／災害	10	2.34	10	3.79	11	2.34	31	2.63
Scary/fear	怖い／恐怖	20	4.67	8	3.03	17	3.61	45	3.82
Bad/negative/dislike/tragedy	悪い／否定的／嫌い／悲劇	0	0	0	0	3	0.64	3	0.25
Environmental damage/pollution/unclean	環境破壊／汚染／汚れ	0	0	0	0	0	0	0	0
Unnecessary/opposed/no	不必要／反対	0	0	0	0	0	0	0	0
Cost/expensive	コスト／高い	0	0	1	0.38	0	0	1	0.08
Risk/risky/unsafe	リスク／リスクがある／安全でない	3	0.7	0	0	1	0.21	4	0.34
Contamination	放射能汚染	3	0.7	1	0.38	4	0.85	8	0.68
Leakage	放射能漏れ	1	0.23	1	0.38	0	0	2	0.17
Other-Negative	ほかの否定的なもの	3	0.7	2	0.76	2	0.42	7	0.59
	一時的なエネルギー	0	0	0	0	0	0	0	0
Subtotal	否定的内容の小計	132	30.83	92	34.87	188	39.91	417	35.36
Positive concepts and consequences	**肯定的内容**								
Clean/clean air/clean energy/cleaner	クリーン／クリーンな空気／クリーンなエネルギー	2	0.47	1	0.38	6	1.27	9	0.76
Cheap/cost effective/savings	安い／コストが効率的／節約	0	0	0	0	0	0	0	0
Positive/unconcerned/beneficial	肯定的／心配ない／有益	2	0.47	1	0.38	0	0	3	0.25
Best type energy/conserves resources	最も良いエネルギー／省資源	0	0	0	0	0	0	0	0
Necessary/need/want more	必要／もっと必要	8	1.87	2	0.76	4	0.85	14	1.19
Feasible/acceptable	実践可能／受容できる	1	0.23	0	0	0	0	1	0.08
Economics/money/income	経済的／お金／収入	5	1.17	2	0.76	0	0	7	0.59
Employment	雇用	0	0	0	0	0	0	0	0
Inexhaustible/endless	無尽にある／エンドレス	1	0.23	2	0.76	0	0	3	0.25
Peace	平和	2	0.47	2	0.76	2	0.42	6	0.51
	TV-figures（鉄腕アトムなど）	3	0.7	2	0.76	8	1.7	13	1.1
Subtotal	肯定的内容の小計	24	5.61	12	4.56	20	4.24	56	4.73
Locations	**地域**								
Facilities & their construction	設備	6	1.4	0	0	5	1.06	11	0.93
Locations/specific sites	地域／特定の場所	13	3.04	0	0	2	0.42	15	1.27
Subtotal	地域の小計	19	4.44	0	0	7	1.48	26	2.2
Miscellaneous	**その他**								
Energy/power/electricity/light	エネルギー／力／電力／光	149	34.81	86	32.58	161	34.18	402	34.1
Future/long lasting	未来／永久に続く	2	0.47	4	1.52	4	0.85	10	0.85
Alternative/alternate energy source	代替エネルギー源	1	0.23	0	0	1	0.21	2	0.17
Atoms/atomic	原子／原子の	2	0.47	1	0.38	2	0.42	5	0.42
	ウラン	4	0.93	5	1.89	2	0.42	13	1.1
	プルトニウム	0	0	0	0	2	0.42	2	0.17
Not near me	身近でない	0	0	0	0	0	0	0	0
Miscellaneous other	その他	8	1.87	4	1.52	5	1.06	17	1.44
	目に見えない	3	0.7	1	0.38	5	1.06	9	0.76
	原子力船	1	0.23	4	1.52	8	1.7	13	1.1
Political Processes	政治的プロセス	0	0	0	0	0	0	0	0
Subtotal	その他の小計	170	39.71	105	39.79	190	40.32	473	40.11
Radiation/physical states	**放射線**								
Radiation, nuclear, fire, hot, chemical processes and states	放射線,核,火,熱,化学過程と状態	7	1.64	8	3.03	17	3.61	33	2.8
	放射能	35	8.18	29	10.98	27	5.73	92	7.8
	放射線	8	1.87	2	0.76	1	0.21	11	0.93
	放射性物質・放射能物質	1	0.23	0	0	1	0.21	2	0.17
Concerns	**懸念**								
Questions, contested, uncertain, problems, controversy, distrust	疑問,不確実,問題,矛盾している,信用できない	8	1.87	7	2.65	7	1.49	22	1.87
	必要悪	0	0	0	0	1	0.38	1	0.08
Safety/security	**安全**								
Safe, secure, cleanup, control	安全,コントロール	1	0.23	1	0.38	0	0	2	0.17
	安全・管理対策	1	0.23	0	0	1	0.21	2	0.17
Ecology	**エコロジー**								
Natural environment, sun, air, food/water supply	自然環境,太陽,空気,食べ物／飲み水	1	0.23	0	0	0	0	1	0.08
Science/technology	**技術**								
Technology, medical research	技術／医療研究	7	1.64	1	0.38	6	1.27	14	1.19
	先端技術	6	1.4	1	0.38	3	0.64	11	0.93
Descriptive	**記述**								
Incredible, powerful, steam	信じられない,力強い,蒸気	0	0	1	0.38	0	0	1	0.08
Information/Knowledge	**情報**								
Media, curiosity, knowledge	メディア・好奇心・知識	0	0	0	0	1	0.21	1	0.08
	人名	0	0	0	0	0	0	0	0
	無回答	8	1.87	4	1.52	2	0.42	14	1.19
Total Number of Associations	全体の合計	428	100	264	100	471	100	1179	100

注1) 回答のなかには、1つの空欄に複数の言葉を記述しているものもあった。例えば、連想1において、原子爆弾・クリーンエネルギーと3つの言葉を続けて記入しているような場合である。この段階には、初めに書かれた言葉（例えば原子爆弾）のみを分類の対象とした。
注2) 英語のカテゴリー表記がないものは、日本独自のカテゴリーにして本調査で独自に設定したものである。
注3) 表中の数値は、第1連想の各カテゴリーに含まれた回答の割合を、第1連想の全回答合計数を母数として算出したもの（%）である。
注4) 第1連想のみの分析は、アメリカ・フランスの先行調査では行っておらず、本調査で独自に行った。

(3) 3つの連想を合わせた回答結果

続いて第1連想（設問1）・第2連想（設問2）・第3連想（設問3）をまとめ，全連想を合わせて分類を行った。

表6.2を見ると，カテゴリーのなかでも「否定的内容」と「その他」がそれぞれ3分の1以上を占めて多くなっている。それに対して「肯定的内容」の割合は5%と低くなっている。日本の各地域を比較すると，都市部地域では否定的内容が4割を占めて多いのに対し，原発立地地域では4割弱，事故当該地域では3割と少なくなっている。

第1連想語と比較すると，3連想合計では中立的な「その他」の割合がやや減って3分の1になっているが，否定的内容とほぼ拮抗する形は同様である。また都市部地域＞原発立地地域＞事故当該地域の順で次第に否定的色合いが低減する形も同様である。

以上の結果をまとめると，「原子力」という言葉からはエネルギーや電気といった原子力発電のイメージが最も浮かびやすいが，同時に「原子爆弾」「危険」など否定的なイメージも根強い。その一方，「必要」「有益」など，原子力に強く肯定的イメージを回答するものは少なくなっている。その傾向は日本では都市部住民にとくに強いことが指摘できる。

(4) アメリカ・フランスの回答結果との比較

アメリカ・フランスの調査では，この3連想をまとめた分類結果が公表されているため，両国の結果も比較対象として表6.2に掲載した。

原子力という言葉から導かれるイメージの割合は類似しており，いずれの国でも否定的イメージが最も多い。ただし細かに見ると国別に差が見られている。フランスの回答は，否定的イメージの割合が4割弱である点で日本全体の回答と類似している。一方，アメリカでは否定的イメージが4割を超えて3ヶ国中最も高いが，逆に肯定的イメージも1割を超えて日仏より多くなっている。

なお，フランス，アメリカ両国の電力事情について触れると，フランスでは総発電電力量の8割弱を原子力に，アメリカでは2割弱を原子力に依存している（IEA統計　電力情報1994年版）。日本を含めて位置づけると，フランスでは原子力依存率が高く，日本が中間，アメリカでは低いということになる。原

表6.2 「原子力」という言葉から連想されるもの　第1・第2・第3連想の合計頻度表

英語カテゴリー	日本語カテゴリー	3連想計 事故当該地域 頻度	%	原発立地地域 頻度	%	都市部地域 頻度	%	日本全体（地域不明含） 頻度	%	アメリカ 頻度	%	フランス 頻度	%
Negative Concepts and consequences	**否定的内容**												
A-bombs/bombs/atomic weapons	原子爆弾/爆弾/核兵器	128	9.97	92	11.62	238	16.84	466	13.18	289	8.2	374	9.9
Dangerous/toxic	危険/慢性的被害	83	6.46	48	6.06	82	5.8	216	6.11	208	5.9	251	6.7
War/annihilation/end of world/holocaust	戦争/大量殺戮/世界の終わり	11	0.86	2	0.25	22	1.56	45	1.27	149	4.2	181	4.8
Waste/garbage/dumps/nuclear waste	ごみ/核廃棄物	13	1.01	2	0.25	12	0.85	27	0.76	142	4	46	1.2
Destruction	破壊	1	0.08	0		5	0.35	6	0.17	128	3.6	42	1.1
Death/sickness/killing	死/病気/殺人	22	1.71	17	2.15	20	1.42	60	1.7	29		57	1.5
	被曝	16	1.25	13	1.64	23	1.63	52	1.47				
Accident/meltdowns/disaster	事故/炉心溶融/災害	61	4.75	47	5.93	74	5.24	187	5.29	98	2.8	107	2.8
Scary/fear	怖い/恐怖	48	3.74	22	2.78	38	2.69	108	3.05	73	2.1	86	2.3
Bad/negative/dislike/tragedy	悪い/否定的/嫌い/悲劇	0		0		4	0.28	4	0.11	60	1.7		
Environmental damage/pollution/unclean	環境破壊/汚染/汚れ	4	0.31	3	0.38	7	0.5	15	0.42	55	1.6	133	3.5
Unnecessary/opposed/no	不必要/反対	7	0.55	3	0.38	9	0.57	20	0.57	36	1	8	0.2
Cost/expensive	コスト/高い	1	0.08	1	0.13	1	0.07	2	0.06	32	0.9		
Risk/risky/unsafe	リスク/リスクがある/安全でない	12	0.93	6	0.76	7	0.5	25	0.71	20	0.6	39	1
Contamination	放射能汚染	7	0.55	7	0.88	16	1.13	30	0.85	22	0.6	7	0.2
Leakage	放射能漏れ	3	0.23	2	0.25	2	0.14	7	0.2	13	0.4	6	0.2
Other-Negative	ほかの否定的なもの	11	0.86	10	1.26	7	0.5	28	0.79	2	0.06		
	一時的なエネルギー	0		1	0.13	1	0.07	2	0.06				
Subtotal	否定的内容の小計	428	33.34	286	36.12	566	40.07	1298	36.71	1456	41.1	1337	35.5
Positive concepts and consequences	**肯定的内容**												
Clean/clean air/clean energy/cleaner	クリーン/クリーンな空気/クリーンなエネルギー	6	0.47	2	0.25	8	0.57	16	0.45	157	4.4	12	0.3
Cheap/cost effective/savings	安い/コストが効率的/節約	0		2	0.25	0		2	0.06	116	3.3		
Positive/unconcerned/beneficial	肯定的/心配ない/有益	6	0.47	10	1.26	6	0.42	23	0.65	67	1.9	92	2.4
Best type energy/conserves resources	最も良いエネルギー/省資源	2	0.16	0		1	0.07	3	0.08	34	1		
Necessary/need/want more	必要/もっと必要	20	1.56	8	1.01	18	1.27	46	1.3	20	0.6	24	0.6
Feasible/acceptable	実践可能/受容できる	7	0.55	1	0.13	0		8	0.23	18	0.5		
Economics/money/income	経済的/お金/収入	10	0.78	9	1.14	1	0.07	20	0.57	18	0.5	32	0.9
Employment	雇用	1	0.08	0		0		1	0.03	10	0.3		
Inexhaustible/endless	無限にある/エンドレス	3	0.23	3	0.38	1	0.07	7	0.2	6	0.2		
Peace	平和	13	1.01	6	0.76	8	0.57	27	0.76	5	0.1		
	TV-figures（鉄腕アトムなど）	7	0.55	6	0.76	11	0.78	24	0.68				
Subtotal	肯定的内容の小計	75	5.86	45	5.69	59	4.17	181	5.12	451	12.8	168	4.4
Locations	**地域**												
Facilities & their construction	設備	37	2.88	16	2.02	21	1.49	74	2.09	235	6.6	452	12
Locations/specific sites	地域/特定の場所	39	3.04	17	2.15	26	1.84	82	2.32	210	5.9	232	6.2
Subtotal	地域の小計	76	5.92	33	4.17	47	3.33	156	4.41	445	12.5	687	18.2
Miscellaneous	**その他**												
Energy/power/electricity/light	エネルギー/力/電力/光	308	23.99	186	23.48	397	28.1	904	25.56	488	13.8	713	18.9
Future/long lasting	未来/永久に続く	10	0.78	7	0.88	15	1.06	32	0.9	42	1.2	69	1.8
Alternative/alternate energy source	代替エネルギー源	1	0.08	2	0.25	1	0.07	4	0.11	37	1		
Atoms/atomic	原子/原子の	11	0.86	1	0.13	6	0.42	18	0.51	21	0.6	105	2.8
	ウラン	19	1.48	21	2.65	11	0.78	54	1.53				
	プルトニウム	4	0.31	4	0.51	6	0.42	14	0.4				
Not near me	身近でない	2	0.16	1	0.13	4	0.28	7	0.2	8	0.2		
Miscellaneous other	その他	36	2.8	19	2.4	30	2.12	85	2.4	87	2.5	50	1.3
	目に見えない	14	1.09	8	1.01	5	0.35	27	0.76				
	原子力船	8	0.62	10	1.26	37	2.62	57	1.61				
Political Processes	政治的プロセス	0		0		1	0.07	0		59	1.6		
Subtotal	その他の小計	413	32.17	259	32.7	512	36.22	1202	33.98	883	19.3	996	26.4
Radiation/physical states	**放射線**												
Radiation, nuclear, fire, hot, chemical processes and states	放射線/核/火/熱/化学過程と状態	34	2.65	21	2.65	64	4.53	123	3.48	177	5	130	3.5
	放射能	101	7.87	71	8.96	63	4.46	239	6.76				
	放射線	16	1.25	6	0.76	5	0.35	27	0.76				
	放射性物質・放射能物質	4	0.31	1	0.13	1	0.07	6	0.17				
Concerns	**懸念**												
Questions, contested, uncertain, problems, controversy, distrust	疑問/不確実/問題/矛盾している/信用できない	33	2.57	20	2.53	28	1.98	81	2.29	87	2.5		
	必要悪	2	0.16	2	0.25	1	0.07	5	0.14				
Safety/security	**安全**												
Safe, secure, cleanup, control	安全/コントロール	19	1.48	9	1.14	6	0.42	34	0.96	82	2.3	52	1.4
	安全・管理対策	8	0.62	3	0.38	6	0.42	17	0.48				
Ecology	**エコロジー**												
Natural environment, sun, air, food/water supply	自然環境/太陽/空気/食べ物/飲み水	4	0.31	5	0.63	2	0.14	11	0.31	53	1.5	133	3.5
Science/technology	**技術**												
Technology, medical research	技術/医療研究	19	1.48	9	1.14	22	1.56	50	1.41				
	先端技術	8	0.62	2	0.25	7	0.5	18	0.51				
Descriptive	**記述**												
Incredible, powerful, steam	信じられない/力強い/蒸気	1	0.08	2	0.25	2	0.14	5	0.14	40	1.1		
Information/Knowledge	**情報**												
Media, curiosity, knowledge	メディア/好奇心/知識	2	0.16	1	0.13	2	0.14	9	0.25	20	0.6	15	0.4
	人名	1	0.08	0		4	0.28	5	0.14				
	無回答	39	3.04	17	2.15	12	0.85	69	1.95				
Total Number of Associations	全体の合計	1284		792		1413		3537		3546		3768	

注1）回答のなかには、1つの空欄に複数の言葉を記述しているものもあった。例えば、連想1において、原子爆弾・クリーンエネルギーと3つの言葉を続けて記入しているような場合である。この際には、初めに書かれた言葉（例えば原子爆弾）のみを分類の対象とした。
注2）英語のカテゴリーのないものは、日本語独自のカテゴリーとして本調査で独自に設定したものである。
注3）表中の数値は、第1連想の各カテゴリーに含まれた回答の割合を、第1連想の全回答者数を母数として算出したもの（%）である。
注4）第1連想のみの分析は、アメリカ・フランスの先行調査では行っておらず、本調査で独自に行った。

子力依存率の低さが否定的イメージの強さに結びつく傾向もうかがえるが，さほど明確な関連ではない。原子力イメージについては，依存率のような単純な指標のみでは推測できるものではなく，様々な要因が影響しあって形成されているものと推測される。

2．連想語に対する連想評価，および他主要変数との関連

(1) 各評定値の比較

ここまでは「原子力」という言葉を聞いて，浮ぶ言葉・イメージについて尋ねた回等を分類した結果を紹介した。これらの分類は，我々が任意に行ったもので，例えば「エネルギー」という連想は，「その他」として振り分けている。しかし回答者によっては，エネルギーという言葉を非常に肯定的にイメージしている可能性もある。

そこで本調査では，自由に連想を書いてもらった後で，第1～第3連想それぞれについて，自分の記述内容が肯定的か否定的か，回答者自身に評価することを求めた。回答は「非常に肯定的」「肯定的」「中立的」「否定的」「非常に否定的」の5段階評定法で求めている。

この回答について，「非常に肯定的」を5点～「非常に否定的」を1点とする形で数値化し，その平均値を求めたところ，図6.1に示すようになった。

日本の各地域別に見ると，第1および第2連想では都市部地域のみ数値が「中立的」より低く，連想評定が否定的であった。第3連想では，各地域別の有意差は見られない。前述のように，連想の内容分類結果では，否定的な連想が浮かびやすいのは都市部地域であり，原発立地地域＞事故当該地域の順で否定的色合いが薄れていることが指摘されていた。回答者自身の評定からも，この傾向が確認されたと言える。

また，これら日本各地域のイメージ評価を，アメリカ・フランスの結果と比較すると，3連想すべてにおいて，日本の都市部地域の回答のみ，アメリカ・フランスよりも有意に連想が否定的に評定されていることが明らかとなった。したがって，「原子力」イメージは，日本の都市部地域のものがとくに否定的傾向にあると考えられる。

図6.1 連想評定値の平均値

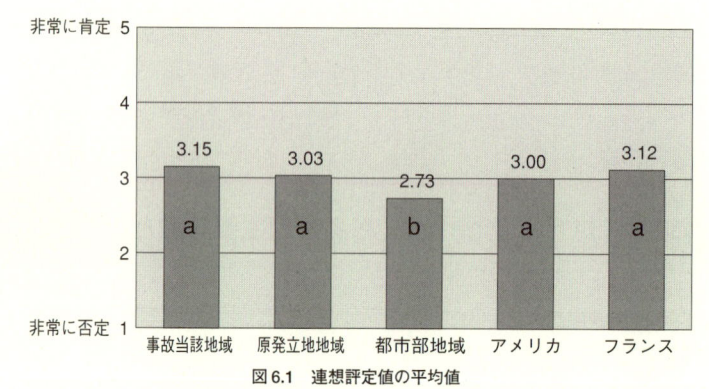

事故当該地域	原発立地域	都市部地域	アメリカ	フランス
3.15	3.03	2.73	3.00	3.12
a	a	b	a	a

注)　分散分析の結果，各地域の有意な主効果が見られている（$F = 8.36$　$p < .001$）。値の下に記されたアルファベットが異なる場合は，その間に統計的に有意な差が見られたことを示している。

(2) 連想評定値と他変数との関連

　ここまでは，「原子力」という言葉からイメージされるもの，そしてそのイメージが肯定的なのか否定的なのかを考えてきたが，この肯定・否定の傾向は性別や年齢など回答者の属性に関係しているのだろうか。あるいは人生観など，個人の価値観と関係しているのだろうか。

　以下では，本調査の他の質問項目のうち，2つの視点から項目を選定して連想評定値との関連を検討した。1つは「背景要因」項目である。ここで取り上げたのは，年齢・子どもの数・学歴・価値観・政治的態度・収入・性別である。これらは原子力と直接関係のない質問であるが，この回答傾向が連想評定とどのように関連するのかを分析した。

　もう1つは「原子力に対する態度」項目である。原子力支持的態度や恐怖増幅的知識など，原子力に対する態度を尋ねた尺度の回答傾向が連想評定とどのように関連するのかを検討した。

　なお連想評定値については，3つの連想評定値に関する構造検討の結果，第1連想の評定値を連想評定値の代表値として用いることとした。

背景要因との関連

　ここでは，連想評定値の背景となる要因として，年齢・子どもの数・学歴・価値観・政治的態度・収入を取り上げた。このうち価値観は，楽観的社会進歩

観・原始平等主義的社会観・権威主義的社会観・個人主義的社会観の4つの下位尺度からなるもので，回答者自身がどのような生き方に価値をおいているかを測定するものである。この尺度の詳細については，第8章3節であらためて紹介している。

表6.3は，連想評定値と主要独立変数の相関を各地域別に算出したものである。

表6.3 連想評定値と主要独立変数の相関

	事故当該地域	原発立地地域	都市部地域	アメリカ	フランス
年齢	−.044	.102	−.053	.154***	.097***
子どもの数	.051	.002	−.042	−.055*	−.033
学歴	.015	−.004	.025	−.057*	−.034
楽観的社会進歩観	.117*	.282***	.235***	.287***	.161***
原始平等主義的社会観	−.095	−.176**	−.045	−.164***	−.141***
権威主義的社会観	.099*	.154*	.173***	.202***	.114***
個人主義的社会観	−.038	−.081	−.078	−.021	.025
政治的態度	.108*	.151*	.097*	.170***	.106***
収入	.092	.025	−.021	.016	.016

*** $p<.001$, ** $p<.01$, * $p<.05$
注）政治的態度は値が大きいほど保守的

連想の評定との関連が目立つものは，政治的態度と価値観といった本人の社会に対するスタンスに関する項目であった。

まず政治的態度（保守的―進歩的）だが，日本の3地域の回答を見ると，共通して，政治的態度が保守的な人の方が肯定的な原子力イメージをもつことが示された。

続いて価値観との関連である。地域ごとに関連を比較すると，細かな点では差異が見られるものの，楽観的社会進歩観と権威主義的社会観をもつ人が肯定的な原子力イメージをもつことは共通していた。楽観的社会進歩観の項目は「高度技術社会は，私達の健康増進と住みよい社会のために重要だ」などで，このような意見を支持し，社会は進歩するものだと楽観的に考える人は，「原子力」という言葉から肯定的なイメージを想起することがわかる。逆に言えば，社会の進歩を単純に楽観視できず，否定的可能性を考える傾向のある人が，原子力に対しても懐疑的と言える。さらに，「死刑に賛成」「私たちは権利の平等を推し進めすぎてしまった」など，社会のあり方を権威にもとづいて構

築しようとする人は，原子力について肯定的である。楽観的社会進歩観，権威主義的社会観は，どちらかと言えば現在の社会構造を肯定する価値観と考えられる。現在の社会のあり方を肯定し未来について楽観視するものは，原子力について肯定的なイメージを抱くと結論づけられる。都市部地域，原発立地地域，事故当該地域のような原子力発電に強く結びついた地域，いずれにおいてもこれらの関連性は共通している。

表6.3に見られるように，原子力に対するイメージは学歴や年齢といった基本的属性とはあまり関連がない。原子力に対するイメージは，基本的属性で決定するような単純なものではなく，むしろ回答者自身の政治姿勢や価値観など内面的な要素が影響を与えていると言える。

ところで，アメリカ・フランスの回答傾向は，日本の結果とはやや異なっている。アメリカ・フランスとも，年齢が高く，楽観的社会進歩観をもち，原始平等主義的社会観をもたず，権威主義的で，政治的に保守主義的であるほど連想評定値は肯定的であった。加えてアメリカでは，子どもが少なく，学歴が低い人ほど連想評定値は肯定的であった。日本の回答傾向と比べ，価値観だけでなく，基本属性との関連が有意である点が注目される。両国が日本よりも，属性による社会的意識が分化されていることが反映している可能性が示唆される。

原子力に対する態度との関連

ここでは，まず原子力支持的態度・他者依存的リスク受容・自立的リスク嫌悪・一般的リスク認知・恐怖増幅的知識の5つを取り上げた。これらは原子力に対する態度を測定するために，本研究で独自に作成したものである。各尺度の概要について，以下に記す。

〈原子力支持的態度〉　原子力を支持する態度の強さを測定する尺度（詳細は第8章1節参照）。

〈他者依存的リスク受容〉　健康などへのリスクに対して専門家や政府などが何とかしてくれるという依存的な意識を測定する尺度（詳細は第8章3節参照）。

〈自立的リスク嫌悪〉　積極的にゼロリスク環境を求め，日常生活でリスクの可能性のある対象を避けようとする傾向を測定する尺度（詳細は第8章3節参照）。

〈一般的リスク認知〉　「環境の化学汚染」「食物中の残留濃度」など日常一般的にリスクの可能性があるとされる危険因子について，どの程度強くリスクを感じているかを測定する尺度（詳細は第8章3節参照）。

〈恐怖増幅的知識〉　原子力に関する恐怖を増幅する知識を保持している程度を測定する尺度。「原子力発電所は核爆弾に変わり得るし，爆発し得る」「原子力発電は，核兵器の生産につながる」「ガンを引き起こす化学物質に接触していると，いつかガンになるだろう」「放射線に接触するレベルがいかに低くても，ガンを引き起こし得るだろう」という4項目について賛成する程度を尋ね，その合計得点を尺度得点として用いた。

表6.4は，連想評定値と各尺度（項目）との相関を各地域別に算出したものである。

表6.4　連想評定値と原子力に対する態度の相関

	事故当該地域	原発立地地域	都市部地域	アメリカ	フランス
原子力支持的態度	.343***	.391***	.421***	.459***	.380***
他者依存的リスク受容	.137***	.237***	.268***	.258***	.190***
自立的リスク嫌悪	−.177***	−.264***	−.162***	−.186***	−.119***
一般的リスク認知	−.101*	−.144*	−.088	−.195***	−.059*
恐怖増幅的知識	−.232***	−.365***	−.181***	−.155***	−.138***

*** $p<.001$,　** $p<.01$,　* $p<.05$

まず日本の3地域の相関を見ると，いずれの地域でも原子力に対して肯定的な連想を抱く人ほど，原子力支持的態度をもち，他者依存的リスク受容傾向が強く，自立的リスク嫌悪が低く，一般的リスク認知が低く，恐怖増幅的知識が低いことが示されている。なかでも，原子力支持的態度との相関係数は高く，連想と態度のあいだの関連が強いことが示唆された。

地域別の差としては，まず都市部地域のみ，一般的リスク認知との関連が傾向にとどまっている点が異なっていた。また原発立地地域や事故当該地域では，恐怖増幅的知識と連想の負の相関が都市部地域よりも強い。ただし，全体的な関連傾向は3地域で共通していた。

以上の日本3地域の傾向はアメリカ・フランスにおいてもほぼ同様である。ただし，フランスでは全体的に相関係数の値が有意ではあるがやや低めである。

以上の相関分析の結果から以下のことが指摘できる。第1に原子力に対するイメージは，原子力を支持するか否か，原子力にリスクを感じるか，という原子力に対する態度に強く結びついている。第2に，「喫煙」「オゾン層破壊」といった原子力以外のものに対するリスク認知は，原子力の否定的イメージと結びつくものの，関連は大きいとは言えない。第3に，原子力に対して恐怖増幅的知識をもつ者は，原子力に対して否定的イメージをもちやすい。全体として原子力という言葉から連想されるイメージが，回答者が原子力に対して抱いている態度の反映であることがあらためて確認されたと言える。

3. まとめ

本節では，「原子力」という言葉から回答者が自由に連想した内容を分析し，人々が抱く原子力に対するイメージを探るとともに，そのイメージが原子力発電に対する態度とどのように関連しているのかを検討した。

まず連想結果をまとめた部分からは，「原子力」という言葉からはエネルギーや電気といった原子力発電のイメージが最も浮かびやすいが，同時に「原子爆弾」「危険」など否定的なイメージがともなうことが明らかになった。それに対し，「必要」「有益」など，原子力に対する肯定的イメージは少なかった。「原子力」を否定的にとらえる傾向は日本では都市部住民にとくに強く，ついで原発立地地域，事故当該地域の順で否定的色合いが薄れていることがわかった。

さらに，これらのイメージは，回答者が原子力に対して抱いている態度の反映であり，原子力発電に総じて否定的な態度をもっている人は否定的イメージを，肯定的な態度をもっている人は肯定的イメージをあげることが確認された。

原子力イメージを大きく左右するものとして本研究で指摘されたのは，政治的態度・価値観といった本人の社会に対するスタンスにかかわる意識である。

3. まとめ

具体的には，政治的に保守的な態度をもち，権威主義的社会観をもち，社会は進歩するものだと楽観的な進歩観を抱く人ほど，原子力について肯定的なイメージをもっていた。また，原子力に対する否定的イメージは原子力に限定したリスク認知と関連があり，環境全般や食物に関するものなど個人のリスク認知体系全般とは直結しないことが示唆された。

一方，学歴や年齢など基本的な属性は原子力イメージとは直接的な関連は見られなかった。この点から，原子力に対するイメージは，基本的属性で決定されるような単純なものではなく，むしろ回答者自身の政治姿勢や価値観など内面的な要素が影響を与えていると結論づけられた。

7 健康リスク認知の国際比較

宮本聡介

1. 原子力発電所が健康に与える影響の認知

　もし自分の住んでいる地域に原子力発電所があったら，あなたは自分の健康にどれくらい不安を感じるだろうか。もしかしたら発ガン率が高まるかもしれない，と考える人もいるかもしれない。本章ではまず「原子力発電所」がどれだけ健康に害を及ぼす可能性があると考えられているかを，つぎのような設問によって明らかにすることを試みた。

　この設問では，初めに「次にあげる各項目を，『あなたやご家族の健康へのリスク（危険性）』『日本人全体の健康へのリスク（危険性）』に関連して，どのように評価なさるでしょうか。リスク（危険性）が，『ほとんどない』『若干ある』『ある程度ある』『高い』のうち該当する□にチェックしてください」という教示文を示し，それに続いて原子力発電所を評価させた。

　分析にあたっては，回答選択肢を「ほとんどない」＝1点，「若干ある」＝2点，「ある程度ある」＝3点，「高い」＝4点と得点化し，日本3地域（事故当該地域，原発立地地域，都市部地域）と3ヶ国（日本全体，アメリカ，フランス）の平均値を算出した。日本全体データにはウェイト処理が施されている。平均値の得点が高いほど，健康に悪影響だと考えていることを意味する（図7.1）。以下では3ヶ国別，3地域別の2つ（自分や家族への影響・日本国民全体への影響）の分散分析を行っている。ただし3ヶ国（日本全体，フランス，

アメリカ）を比較した分散分析では，サンプル数が多いうえにさらにウェイト処理を施していることなどを理由とした第1種の過誤と呼ばれる検定上の問題が生じる可能性があった。そのため3ヶ国比較については検定の結果を詳述することは避けている。なお3地域（事故当該地域，原発立地地域，都市部地域）で有意差が見られたものについては，図中にアルファベットで差の有無を示している。具体的には，同じアルファベットを含む地域間には有意な差がないと解釈する。

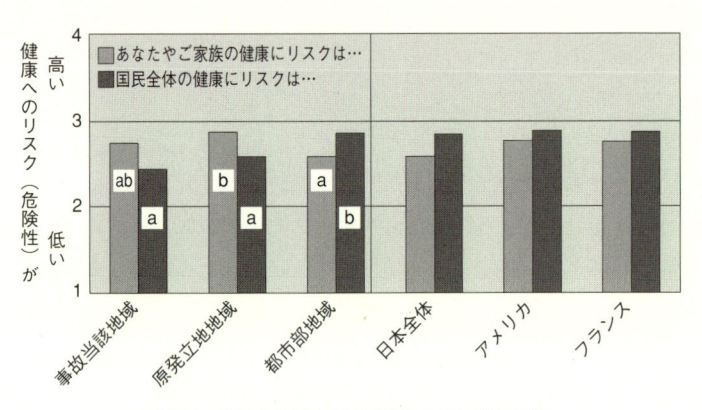

図7.1　原子力発電所が健康に与える影響の認知

まず，「あなたや家族」の健康への評価について，3ヶ国の平均値を見ると，アメリカが最も高く，ついでフランス，そして日本全体は最もリスク（危険性）認知が低かった。一方，日本国内の3地域を比較すると，原発立地地域や事故当該地域は都市部地域よりも原子力発電所から受ける健康リスクが高いと認知されていた。

「国民全体」の健康にどれだけリスク（危険性）があるかという問いの結果を見ると，3ヶ国とも高い値を示している。日本国内の3地域を見ると，都市部地域は「国民全体」への健康リスクを高く認知しているが，それに比べて原発立地地域や事故当該地域の値は低い。

また「あなたや家族」へのリスク評価と「国民全体」へのリスク評価の値の高低を見比べると，3ヶ国とも「あなたや家族」の健康リスクよりも「国民全

体」の健康リスクを高く見積もっていることがわかると思う。しかし国内3地域、とくに事故当該地域や原発立地地域に目を移すと事情が違っている。事故当該地域や原発立地地域では明らかにほかの国や地域とは異なり、「あなたや家族」へのリスク評価が高い。事故当該地域や原発立地地域の住民が都市部地域よりも、「あなたや家族」のリスクを高く認知したのは、原子力発電所やその関連施設が居住地域の近辺にあり、日々そのリスクと隣り合わせで生活していることの反映だと考えられる。さらに原発立地地域や事故当該地域の「あなたや家族」への健康リスク認知の高さは、原発否定の主要国であるアメリカとほぼ同レベルなのに対して、「国民全体」への健康リスク認知を見ると、この2地域はアメリカよりも低い。これは自分たちへの影響は大きいが「国民全体」への影響は小さいと認知していることを意味している。都市部地域での結果は、日本国民へのリスク認知は高いが、自分たちにそのリスクが及ぶことはそれほどないという意識が反映されていると解釈でき、原発関連地域以外の住民の原子力発電所に対する意識は、関連地域に比べ「自分への被害は少。国民への被害は大」というリスク観を示していると考えられる。

　今回の調査では、上記のような質問方法を用いて、「原子力発電所」のほかに「核廃棄物」「石炭・石油による火力発電」「高圧送電線」「エイズ（HIV）」「麻薬（ヘロイン・コカインなど）」についても尋ねている。以下ではそれぞれの対象に対する健康リスク認知が、各国、各地域でどのように違っているかを示す。

2．原子力発電所以外のリスク因子が健康に与える影響の認知

核廃棄物（図7.2）

　今回取り上げた対象のなかで、最も健康へのリスク（危険性）が高いと認知されたのが核廃棄物だった。「あなたや家族」の健康へのリスクを見ると、最も悪影響だと評価したのはフランスで、以下アメリカ、日本全体の順だった。国内3地域でも、平均値が3点付近にまで近づいており、リスクを高く認知している。ただし国内3地域のリスク評価に有意な差は見られなかった。

　「国民全体」についてもフランスのリスク認知が最も高く、以下アメリカ、

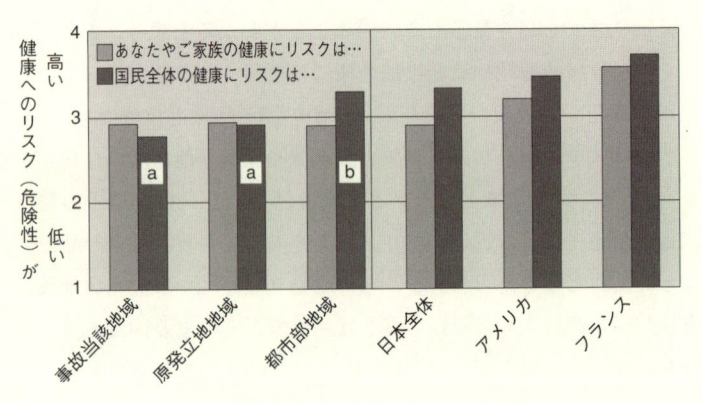

図7.2 核廃棄物が健康に与える影響の認知

日本全体の順であった。「国民全体」への評価を日本国内3地域について見てみると，都市部地域ではリスク認知が高いが，事故当該地域や原発立地地域ではそれに比べて評価が低い。

「あなたや家族」への健康リスクと「国民全体」への健康リスクの平均値の高低差を見ると，3ヶ国とも「国民全体」へのリスクを高く評価している。このことは「あなたや家族」の健康に及ぶリスクよりも，「国民全体」へのリスクを相対的に高く認知していることになる。それに対して日本国内の事故当該地域や原発立地地域では，わずかではあるが「あなたや家族」の平均値と「国民全体」の平均値が逆転している。つまり，相対的に自分たちに及ぶ健康リスクを，「国民全体」に及ぶ健康リスクよりも高く認知していることになる。

高圧送電線（図7.3）

高圧送電線が「あなたや家族」の健康に及ぼす影響を見ると，リスクが最も高いと考えていたのはアメリカ，ついでフランスであり，3ヶ国中日本全体は高圧電線の健康への影響を最も低く認知していた。国内3地域を比較すると，原発立地地域，事故当該地域いずれも高圧送電線の健康リスクをそれほど高く認知していない。

高圧送電線が「国民全体」の健康に及ぼす影響についても，アメリカが最も高く，以下フランス，日本全体の順であった。国内3地域では都市部地域が最

2. 原子力発電所以外のリスク因子が健康に与える影響の認知　　105

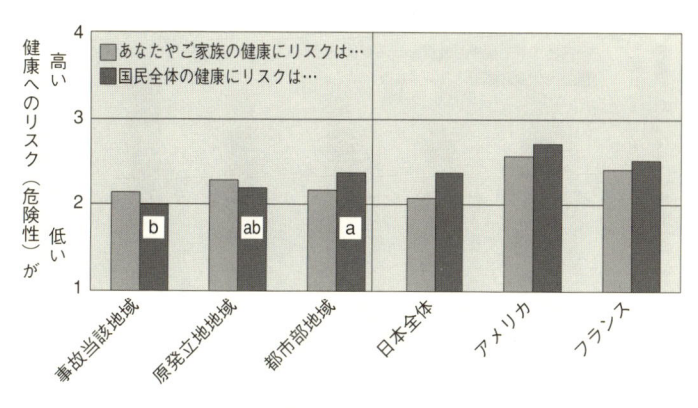

図7.3　高圧送電線が健康に与える影響の認知

も高く，事故当該地域は都市部地域よりも値が有意に低かった。原発立地地域は都市部地域と事故当該地域のちょうど中間に位置していた。

「あなたや家族」への健康リスクと「国民全体」への健康リスクの平均値の高低差を見ると，ここでも原子力や核廃棄物と似通った傾向が見られた。例えば日本全体，アメリカ，フランスはいずれも「あなたや家族」へのリスクよりも，「国民全体」のリスクを高く認知する傾向がある。しかし事故当該地域や原発立地地域は，わずかではあるが「あなたや家族」の健康リスクを「国民全体」に対する健康リスクよりも高く認知していた。

エイズ（図7.4）

「あなたや家族」の健康へのリスク認知は，フランスが最も高く，以下アメリカ，日本全体となっている。フランスと日本全体のあいだには1点近い大きな開きが見られ，アメリカとの間にも比較的大きな開きが認められる。国内3地域では平均値は2点をやや上回る程度であり，それほど危険だという認識はない。

エイズが「国民全体」の健康に及ぼすリスクを見ると，フランス，アメリカは非常に高く，2ヶ国とも平均値が3.5点を上回っている。日本全体も決して低いわけではないが，それでもフランス，アメリカの平均値に比べると大きく下回っている。国内3地域を見ると，「国民全体」の健康に及ぶ悪影響を，都

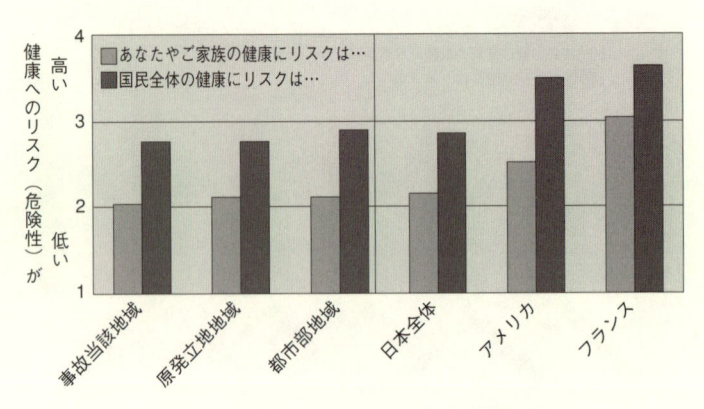

図7.4 エイズ（HIV）が健康に与える影響の認知

市部地域ほど高く見積もる傾向がある。

「あなたや家族」の健康へのリスク評価と，「国民全体」の健康へのリスク評価の高低差を見ると，日本，アメリカ，フランスいずれも「国民全体」の健康へのリスクを高く評価している。国内3地域でも「あなたや家族」への健康リスクよりも「国民全体」の健康リスクを高く評価する傾向は変わらない。

麻薬（図7.5）

麻薬に対する健康リスクの認知を3ヶ国，3地域で比較したときの，高低のパターンはエイズの場合とよく似ている。

麻薬が「あなたや家族」の健康に与えるリスクを最も高く認知していたのはフランス，ついでアメリカだった。日本全体とフランスの平均値には1ポイント以上の開きがあり，日本全体の平均値は1点台にとどまっていた。つまり日本はフランスやアメリカに比べて麻薬が「あなたや家族」の健康に及ぼすリスクを非常に低く認知していると言える。国内3地域を比較した結果からは，都市部地域，原発立地地域，事故当該地域の間にとくに大きな差異は認められなかった。

「国民全体」の健康に及ぼす麻薬のリスク評価を見ると，フランス・アメリカが非常に高い。また，この2ヶ国と比較してポイントは低いものの，日本全体でも平均値が3点を超える高い値を示している。なお，国内3地域を比較し

2. 原子力発電所以外のリスク因子が健康に与える影響の認知　107

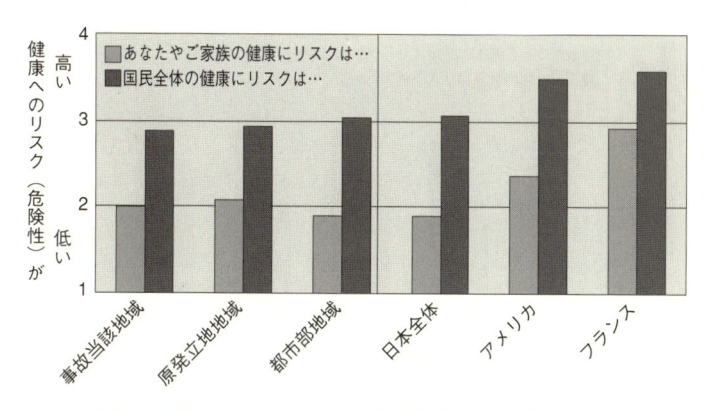

図7.5　麻薬（ヘロイン・コカイン）が健康に与える影響の認知

た場合に，国民の健康へのリスクに大きな評価の違いは見られていない。

「あなたや家族」の健康へのリスク評価と，「国民全体」の健康へのリスク評価の高低差を見ると，いずれの国，地域も「あなたや家族」よりも「国民全体」の健康のリスクを高く評価しており，この結果はエイズの場合とよく似ている。

石炭・石油による火力発電（図7.6）

石炭，石油による火力発電所が「あなたや家族」の健康に及ぼすリスクを最も高く評価したのはアメリカ，そしてフランスがそれに続いており，日本全体はリスク評価が最も低く，平均値は1点台にとどまっていた。また国内3地域では「あなたや家族」の健康に及ぼすリスク評価に有意な差は認められなかった。

石炭・石油による火力発電が「国民全体」に及ぼす影響についても「あなたや家族」への影響同様，「アメリカ」が最も高く，フランスがそれに続き，日本全体のポイントは最も低かった。国内3地域について「国民全体」に及ぼす影響を比較したところ，3地域に大きな差異は認められなかった。

「あなたや家族」の健康リスク評価と「国民全体」の健康リスク評価の高低差を見ると，いずれの国，地域においても「国民全体」のリスクを高く評価する傾向が見られた。ただし，先述した麻薬やエイズほど極端な高低差は認めら

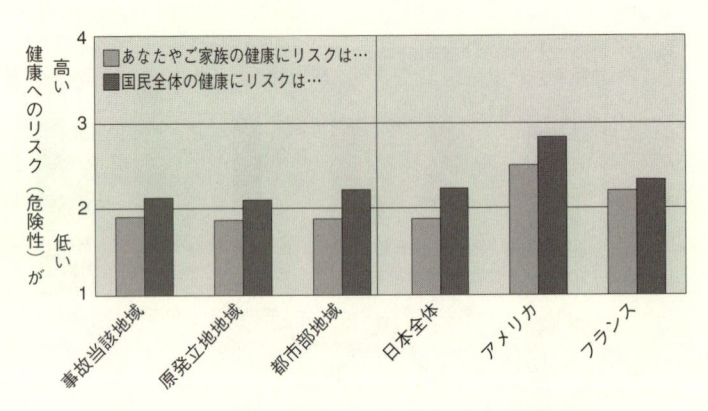

108　7　健康リスク認知の国際比較

図7.6　石炭・石油による火力発電が健康に与える影響の認知

れない．

3．まとめ

　ここでは「原子力発電所」「核廃棄物」「高圧送電線」「エイズ」「麻薬」「火力発電所」の6つのリスク因子を取り上げ，それぞれに対して，「あなたや家族」「国民全体」の健康へのリスクがどのように認知されているのかを明らかにすることを試みた．今回の調査結果から，健康リスクに対する3ヶ国，3地域のリスク認知の特徴を総括すると，1）健康リスクに対する認知の全体的な特徴，2）健康リスクに対する認知の国民性，および各国の事情，そして3）日本国内における，各地域の事情の3側面からいくつかの特徴を指摘できる．

(1) 健康リスクに対する認知の全体的な特徴

　今回取り上げた6つのリスク因子のなかで，最も健康に悪影響を及ぼす可能性があると認知されたのが核廃棄物だった．さらに，原子力発電所が健康に及ぼすリスクも高く認知されていた．エイズや麻薬は「あなたや家族」への影響と「国民全体」への影響の認知に大きな開きがあり，とくに「あなたや家族」の健康の影響では，リスク度が高いとは認知されていない．一方，石炭・石油による火力発電は今回取り上げたリスク因子のなかで，最も健康への害が小さ

いと認知されていた。

　さらにこの調査では，6つのリスク因子に対して「あなたや家族」の健康への影響，「国民全体」の健康への影響の2側面について評価を求めていた。いずれのリスク因子においても，人は「あなたや家族」へのリスクを，「国民全体」へのリスクよりも低く評価する傾向があると言える。もう少し噛み砕いて説明すると，「国民全体の健康へのリスクは確かにあるにしても，そもそもそのようなリスクが自分に降りかかる可能性は少ないだろう」と認知する傾向が3ヶ国共通にあると考えられる。

　ではなぜ人は自分たちへのリスクを，国民全体へのリスクよりも低く見積もるのだろうか。そもそも，あなたや家族というのは，自分を含む内集団の基本的な単位である。それに対して国民全体への評価には自分を含む内集団への評価ではなく，自分を含まない外集団への評価であると考えられる。一般に人は自身を含む内集団を強く贔屓し，外集団にはこの原則を当てはめない傾向や，それがさらに進むと外集団を差別する傾向までが存在することが社会心理学の様々な研究によって明らかにされている（例えばタジフェル（Tajfel, 1971））。つまり，「あなたや家族」がリスクを被らないと認知する傾向は，ある種の内集団贔屓の結果を反映したものであると考えることができるかもしれない。

　また，今回の結果については，ウェインステイン（Weinstein, 1980）の指摘するような，人間の楽観的な認知傾向を反映している可能性もある。ウェインステインによると，人間にはそもそも楽観的に物事を判断する認知傾向が強くあるため，例えば将来起こり得るポジティブな可能性を高く見積もり，逆に将来起こり得る可能性のあるネガティブな出来事を低く見積もる傾向があるとされる。近年こうした傾向を総称して「ポジティブ幻想」（テイラーとブラウン（Taylor & Brown, 1988））と呼んだりしている。これは内集団を贔屓する傾向が人間にはあるという先の考え方とは意味合いが異なっている。内集団贔屓の背後には，自分を含む内集団を肯定的に評価することによって，自身の価値を高めておこうとする自己高揚動機が働いているとされる。しかしポジティブ幻想の主な説明原理では，そもそも人間には，自分をポジティブに評価しようとする認知判断傾向がそなわっていると考えるのである。そのため，一般の人々が健康リスクを被る可能性は高く評価しても，自分が健康リスクを被る可能性

は，それに比べてそんなに高くないと楽観視するのだとされる。そしてこのような傾向は人間全般にそなわったいわばデフォルト的な判断なのである。

　リスク認知における内集団の肯定視に関する現象は，本節で紹介したデータ以外にはまだそれほど多くはない。ここでは先述のような内集団贔屓の傾向とポジティブ幻想という2つの説明原理を持ち出したが，ここでこうした説明原理が十分な説明力をもっていると結論づけるのは早急であり，今後更なる検討が必要であると考えられる。

(2) 健康リスクに対する国民性と各国事情の影響

　健康リスクに対する意識を日本，アメリカ，フランスの3ヶ国で比較したとき，比較的明白な特徴が1つ指摘できる。それは，いずれのリスク因子に対しても，日本はほかの2ヶ国に比べて健康リスクを低く評価し，逆にフランスはそれぞれのリスク因子が健康に及ぼす影響を高く評価する傾向があるということである。こうしたリスク認知の差異を説明するときに考えられる理由として，ここでは各国におけるそれぞれのリスク因子の現状（実情）と国民性の違いの2つを指摘する必要があるだろう。

　まずエイズや麻薬・薬物などのリスク因子の各国の実情について簡単に触れておこう。厚生労働省エイズ動向委員会の2000年7月報告によると，日本国内でのHIV感染者は約5,000人であった。一方，WHOが1999年に発表したデータによると，アメリカでのHIV感染者数はおよそ70万人，フランスではおよそ5万人であった。いずれの場合も潜在的な感染者の数を考慮に入れていないが，それにしても日米間の感染者数には140倍以上の，また日仏間の感染者数にも10倍程度の開きがある。また麻薬・薬物についても日本はアメリカやヨーロッパほど大きな社会問題とはなっていない。麻薬や薬物はHIVの流行と密接に関連している可能性があり，アメリカではエイズ発症者の約3割が麻薬常習者であると言われている。このように，日本は明らかにアメリカやフランスに比べてエイズ，麻薬・薬物などによるリスクは小さい。その結果，これらのリスク因子が健康に及ぼす影響を低く認知していたと考えられる。

　またアメリカのような広大な土地では高圧送電線によって遠隔地に電力を供給する方法がとられているが，高圧送電線近辺では発ガン率が高いなどの調査

報告があり，このことがアメリカにおける高圧送電線の健康リスク認知を高めたと予測することができるだろう．しかしまた，日本でも火力発電所への電力依存は高く，各地に火力発電所が建設されている．にもかかわらずアメリカほど火力発電所に対して高いリスクの可能性を認識していないということは，国内事情の問題以外に，こうしたリスクの評価に対する国民性のようなものが現れている可能性があるのではないかと考えられる．

今回の調査結果に，ある種の国民性が反映されているのではないかと考えられる理由の1つに，核廃棄物，原子力発電所など原発関連のリスク因子に対する各国の回答反応の違いがあげられる．これらのリスク因子では日本はフランスやアメリカと較べてリスク認知が低かった．このことは今回の調査の時期がJCO事故の直後であるということを合わせて考えると，ますます不可解な結果と言える．日本人がもともとあらゆる危険因子に対する健康リスクを高く見積もらない性質の国民なのかは今後あらゆる視点から慎重に結果を再考する必要があろう．

さらに世界で最も原発に対して肯定的な態度を示す国の1つであるフランスが，核廃棄物の健康リスクを最も高く評価していたことも興味深い．フランス国民が原子力発電所に対する技術力にある程度の評価をしている一方で，核廃棄物の取り扱いに対しては，決して原子力発電所ほど高い評価をしていないということを意味している．

(3) 地域の事情

最後に日本国内の3地域（事故当該地域，原発立地地域，都市部地域）に視点を移してみる．本書で紹介した調査データは，1999年9月30日に起きたJCO事故直後のおよそ3ヶ月間に実施されたものである．JCO事故が国内で発生した原発関連事故のなかでは最大級のものであることから，原発世論は大きく揺らぎ，原発反対，原子力は危険という意識がきわめて強く表れるのではないかということが予想されていた．

しかしながら原子力発電，核廃棄物などの原発関連リスク因子を見ると，都市部地域に比べて，事故当該地域，原発立地地域などのいわゆる原発関連地域では，健康リスクの認知に大きな違いが見られた．例えば，「あなたや家族」

の健康にリスクがあるかどうかの認知を見ると、原子力発電所の場合、都市部地域より事故当該地域や原発立地地域のほうがリスク認知度が高かった。しかし「国民全体」の健康へのリスクについては原発立地地域や事故当該地域のほうがリスク認知度が低かった。つまり都市部地域では、自分たちの健康へのリスクを低く認知し、国民全体へのリスクを高く認知するという、「自分たちには甘く、『国民全体』には厳しい」リスク認知をしていことになる。こうした反応はある種の利己的な反応であり、自分たち自身は被害者とはなり得ないという一種の幻想のようなものが意識の中核をなしているようにも思える。「国民全体」には重大な問題だとしながらも、自分には関係のない蚊帳の外のことだと考えることが、都市部を中心に形成されている原子力世論の特徴と言えるのではないだろうか。

また原発関連地域では、原子力発電所が「あなたや家族」の健康に及ぼすリスクを高く認知しながら、「国民全体」に及ぼすリスクをそれほど高く認知していない。このことは原発を有した地域に住んでいるという当事者意識が反映されているかもしれないことを前述したが、これと、都市部地域の利己的な認識とを合わせて考えると、今回の世論調査では原発関連地域とそれ以外の地域の意識の違いがはっきりと現れたと言え、とくに都市部地域は原発を生活に遠いモノとしてとらえているのに対し、原発関連地域では原発を生活に近いモノととらえることによって、原発に対する関心が大都市よりもずっと高いことが予想される。エネルギー問題を根幹に日本がいくつかの意識層に分断されており、その意識は非常に複雑な様相を呈していることが今回の調査から浮き彫りにされたと言える。

〈引用文献〉

Tajfel, H., Billig, M. G., Bundy, R. P., Flament, C. 1971 Social categorization and intergroup behaviour. *European Journal of Social Psychology*, Vol. **1**(2), 149-178.

Weinstein, N. D. 1980 Unrealistic optimism about future life events. *Journal of Personality and Social Psychology*, **39**(5), 806-820.

Taylor, S. E., & Brown, J. D. 1988 Illusion and well-being: A social psychological perspective on mental health. *Psychological Bulletin*, **103**(2), 193-210.

8
原子力に対する世論の構造を探る

宮本聡介・上瀬由美子・鈴木靖子・岡本浩一

1. 原子力支持的態度について　　　　　　　　　　　（宮本聡介）

(1) 原子力発電所の立地に賛成？　反対？

　初めに今回の調査のなかで原子力発電所の立地に関する賛否を尋ねた設問の結果を示す。具体的な質問項目はつぎのようなものであった。

【もしあなたの地域で電力不足の可能性に直面したら，電力供給のために新しい原子力発電所を建設することに対して，あなたは，「強く賛成」「賛成」「反対」「強く反対」しますか】

　この問いに対する回答結果を3地域（事故当該地域，原発立地地域，都市部地域）毎に示したのが図8.1である。都市部地域を見ると，「強く反対」が30.9％，「反対」が42.5％と，世論の7割以上は原発立地に反対している。一方原発立地地域や事故当該地域では様子が異なっている。例えば原発立地地域では「強く反対＋反対」が61％，また事故当該地域でも63％と，都市部地域に比べると反対者の割合が10％ほど少ない。都市部地域とは，原子力発電所からは遠く離れた，原子力発電の消費地域である。一方原発立地地域や事故当該地域というのは，原子力発電所と隣り合わせた原子力発電の生産地域である。この設問から，日本全体を大きく原子力発電消費地域と原子力発電生産地

域とに大別すると，いずれの地域も原発反対者の割合は6割を超えているが，消費地域に比べると生産地域では反対者の割合が少ない。これがJCO事故直後の調査であることを慎重に考える必要がある。国内最大級の原発関連事故であったことから，調査実施時期の世論は原発に対してきわめて否定的であったことが予想される。もしJCO事故が起こっていなかったら，電力消費地域，電力発電地域での反対者はもう少し少なかったことが予想される。それにしても事故直後の調査であったにもかかわらず，都市部地域よりも原発立地地域，事故当該地域は原発立地に対して肯定的だったということが今回の調査から見えてきたことであり，原発世論を考えるうえで重要な調査結果の1つと言える。

	強く反対	反対	賛成	強く賛成
事故当該地域	25.8%	37.5%	32.9%	3.8%
原発立地地域	26.5%	34.6%	34.2%	4.7%
都市部地域	30.9%	42.5%	24.2%	2.4%

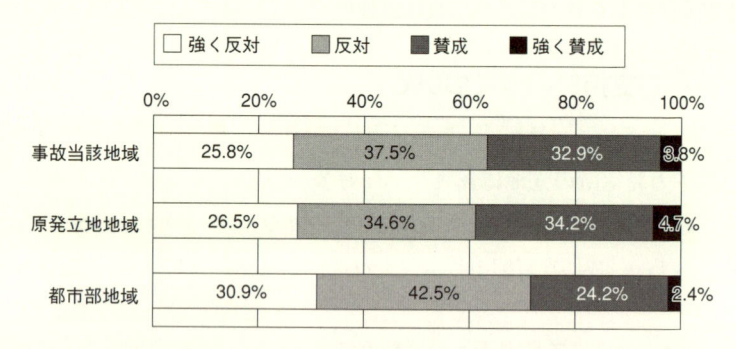

図8.1 もしあなたの地域で電力不足の可能性に直面したら，電力供給のために新しい原子力発電所を建設することに対して，あなたは，「強く賛成」「賛成」「反対」「強く反対」しますか

ところで先のような原子力発電所立地に関する問いは，設問のたて方によって，回答に大きな変動が生じることがある。例えば今回の調査では

【原子力産業は既存の発電所よりも安全な新世代の原子力発電所の建設が可能だという立場をとっている。もしそうだとすれば，国の将来の需要を満たすため，このような新世代の原子力発電所の建設に賛成である】

という設問に対して「強く賛成」「賛成」「反対」「強く反対」の回答選択肢から回答を求める設問も用意していた。この設問は，現行の原子力発電所では

なく，将来もっと安全な新世代原子力発電所が実現した場合，その発電所の立地に賛成かどうかを問うている（図8.2）。結果を見ると都市部地域では「強く賛成」が6.1％，「賛成」が44％と賛成者が5割を超えている。また，事故当該地域でも「強く賛成」＋「賛成」が48％と5割近い賛成者がいる。このように原子力発電所立地に対して否定的な世論も，現在よりもより安全な原子力発電所の"条件付き"立地に対して賛成意見を示す人が多くいることをこの結果は示している。

設問の内容は回答に影響を与え，賛成・反対者の割合が微妙に（ときに大きく）変動する。社会調査ではこのような特徴を上手く利用して，ある種の対象に対する微妙な意見の変動を，質問項目の内容を加減することによってとらえることができる。

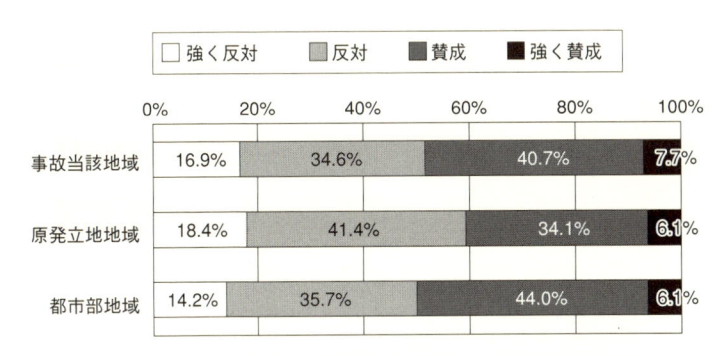

地域	強く反対	反対	賛成	強く賛成
事故当該地域	16.9%	34.6%	40.7%	7.7%
原発立地地域	18.4%	41.4%	34.1%	6.1%
都市部地域	14.2%	35.7%	44.0%	6.1%

図8.2 原子力産業は既存の発電所よりも安全な新世代の原子力発電所の建設が可能だという立場をとっている。もしそうだとすれば，国の将来の需要を満たすため，このような新世代の原子力発電所の建設に賛成である

原子力発電所の立地に対する意見を問うた上記2つの設問は，原子力に対する世論の1側面を測定していると考えることができる。そして原子力発電所の立地に対する意見を単純に問うた場合には，反対者が目立つことになるが，将来より安全な原子力発電所の建設が可能になるというような"条件付き"立地となるとその様相に多少の変化が生じていることがわかると思う。これが「原子力」に対するより広範な考えを測定する場合には，たんに原子力発電所の立地に賛成か反対かと問うただけでは，正確な考え方は測定できていない。この

点についての詳細を次項で少し詳しく解説しておく。

(2) 原子力に対する態度をどのようにとらえるか

社会心理学のなかでは「態度」という用語が頻繁に用いられる。これは日常一般的に用いられている「態度」という言葉から想像される意味合いとはかなり違う。日常一般に「態度」と言うと，例えば「態度で示しなさい」といった表現のように，"何らかの行動で示すこと"を意味していることが多い。しかし態度という用語を心理学のなかで用いる場合，これでは不十分である。

社会心理学者オルポート（Allport, 1935）は，態度を「経験を通じて体制化された心理的あるいは神経生理的な準備状態。人がかかわりをもつ対象に対する，その人自身の行動を方向付けたり変化させたりするもの」と定義している。すなわち，態度は行動に影響するものであり，行動に先んじて個々人のなかに生じているというのである。例えば比例代表区の投票においてA政党に投票したという行動それ自体は，その人がA政党に対してもっている態度の結果だと言える。A政党に投票するまでの過程のなかで，自分自身の求める政策とA政党の提示した政策が一致していたり，A政党に対して好意的な感情を抱いていたりすることが，投票という行動となって現れたと考えるのである。自分自身の政策とA政党の政策とが一致しているからA政党を支持しようと考えたり，A政党に好意的な感情を抱くことそのものが態度の一部だと考えるのである。そしてもちろん行動も態度の1つの結果であるわけだから，行動をもって態度を推し量ることも可能である。しかしここから先は，人間の心理の面白いところである。ときとして人間の行動というのは態度と一致しないこともあるようである。例えば原子力に対する肯定派の人々の考え方をうかがっていて，ときどき興味深い意見に出会うことがある。「本当は原子力なんてないほうがいいのかもしれないけれど，原子力発電がなくなったら生活ができなくなる」という意見はその一例である。この場合，本人の原子力に対する真の態度を読みとるのは難しい。なぜなら，「本当は原子力反対」でも，「生活するうえでは必要」という2つの考え方の葛藤がここには現れているからである。

ある1つの態度を測定する場合，その背後には，態度に影響を与える種々の要因が潜んでいることを常に考慮に入れておかなくてはならない。したがって

原子力に対する「態度」を測定する場合でも,「あなたは原子力に賛成ですか,それとも反対ですか」と尋ねただけでは,その人の原子力に対する態度のほんの一側面を測定しているにすぎない可能性がある。

一口に原子力に対する態度といっても,科学技術としての原子力に対する態度,電力政策としての原子力に対する態度,ウラン燃料を使っているということを含意した原子力への態度,原爆との関連から見た原子力への態度など,実に多方面から態度を測定する必要がある。原子力に対する態度を,ただ賛成・反対と問うのではなく,原子力に対する態度を広くとらえ,原子力に対して抱いている態度を多方面から測定しようとするのが,社会心理学的な手法の1つの特徴なのである。

今回の世論調査では,原子力に対する態度を測定するために合計20の質問項目が設定されていた。これら20項目が設定されたのは,原子力に対する態度を広範囲な視点から測定しようという試みの現れである。これからこの20の質問項目について,世論の反応を事故当該地域,原発立地地域,都市部地域の3地域別に比較して見ていく。なお,次項で示すデータはいずれも,回答を数値化し,その平均値を地域ごとに示したものである。値が大きいほど,質問の内容を肯定していることを意味する。また得点は1点から4点に分布することから,論理的な中立点は2.5点になる。つまり2.5点を上回っているか下回っているかによって,各設問に対して肯定的な態度を示しているか,否定的な態度を示しているかが理解できる。

(3) 原子力に対する態度の3地域比較

原子力に対する態度を問うた20の質問の平均値を地域別に示したのが表8.1である。この表では,先ほど紹介した【もしあなたの地域で電力不足の可能性に直面したら,電力供給のために新しい原子力発電所を建設することに対して,あなたは,「強く賛成」「賛成」「反対」「強く反対しますか」】の設問を除いた19項目について,全サンプルの平均値をもとに,当該の設問に対して賛成の態度を示すものが表中で先に表記されるように並び替えている。

まずこの表の見方について簡単に触れておく。本節冒頭に紹介した【もしあなたの地域で電力不足の可能性に直面したら,電力供給のために新しい原子力

表8.1 原子力に対する態度の国内3地域比較

	事故当該地域 平均値	原発立地地域 平均値	都市部地域 平均値
もしあなたの地域で電力不足の可能性に直面したら、電力供給のために新しい原子力発電所を建設することに対して、あなたは、「強く賛成」「賛成」「反対」「強く反対」しますか。	2.15 ab	2.17b	2.00a
原子力発電所や火力発電所を増やすのをやめて、電力供給の新しい方法を開発すべきだ。	3.26b	3.31b	3.43a
原子力発電所の周辺住民は、発電所が適切に運転されていないと思われる場合に発電所を閉鎖する権限をもつべきだ。	3.23a	3.27a	3.26a
原子力発電所は、周辺の住民が受け容れに自発的に賛成するまで建設・運転してはならない。	3.12a	3.17a	3.10a
近くに原子力発電所があると、よその人々から見てその地域の魅力が低下する。	2.79b	2.93a	2.91a
原子力のような問題は住民投票で決定するべきだ。	2.74b	2.95a	2.78b
放射性廃棄物を安全に保管する方法がわからないから、原子力発電所の使用をやめるべきだ。	2.63b	2.75a	2.72ab
原子力は不道徳だ。なぜならば未来の世代の了承なしに彼らにリスク(危険性)を押しつけるからだ。	2.70a	2.83b	2.67a
原子力産業は、既存の発電所よりも安全な新世代の原子力発電所の建設が可能だという立場をとっている。もしそうだとすれば、国の将来の需要を満たすため、このような新世代の原子力発電所の建設に賛成である。	2.39ab	2.28b	2.42a
原子力はわが国の経済的繁栄のために必要不可欠だ。	2.53b	2.41a	2.40a
ほとんどの科学者は原子力のリスク(危険性)が受容可能であることに同意している。	2.42b	2.44b	2.31a
原子力はわが国の国際的地位と安全保障にとって不可欠だ。	2.36a	2.26ab	2.22b
原子力の危険性に関する意見の相違は科学的データや分析により解決することができる。	2.22b	2.17ab	2.17a
原子力は、科学技術においてわが国が誇るべき成果だ。	2.31a	2.20a	2.13b
石炭や石油燃焼にともなう酸性雨、オゾン層破壊、気候の変化の健康への影響を考慮すると、将来の電力需要を満たすために、日本は原子力への依存度を高めるほうが良い。	2.19a	2.09a	2.13a
将来の電力需要を満たすためのエネルギー輸入を避けるためには、日本は、原子力発電の割合を高めるほうが良い。	2.13a	2.08a	2.10a
原子力発電所の建設認可の手続きには、住民の懸念を考慮する機会が十分に与えられている。	2.08a	2.11a	2.02a

原子力発電所を建設，運転，調整する専門家や技術者は信頼できる。			
	2.16a	2.12a	1.97b
原子力産業は廃棄物を安全に管理する能力がある。			
	2.05a	1.96ab	1.87b
雇用や交付金の見返りがあれば，周辺地域や原子力発電所によるリスク（危険性）を受け入れてもよい。			
	1.80a	1.82a	1.79a

注）同じアルファベットの記載されている地域の平均値に統計的に有意な差はない。

発電所を建設することに対して，あなたは，「強く賛成」「賛成」「反対」「強く反対しますか」】では，都市部地域の平均値が2.00，原発立地地域では2.17，事故当該地域では2.15となっており，いずれの地域も中立点である2.5点を下回っている。つまり3地域とも原子力発電所の立地に反対していることがわかる。しかし反対意見の強弱には地域によって違いが見られる。表中に付記されているアルファベットは，3地域（事故当該地域，原発立地地域，都市部地域）のあいだに統計的に有意な差があるかどうかを示しており，同じアルファベットを含む条件同士には有意な差がないことを意味している。ここでは都市部地域が「a」，原発立地地域が「b」，事故当該地域が「ab」となっている。つまり同じアルファベットを含まない都市部地域と原発立地地域では，この設問に対する態度に統計的に有意な違いが見られ，原発立地地域よりも都市部地域のほうが原子力発電所の立地に反対していることがわかる。

　表の見方がわかったところで，今度は表中に表記された質問項目を詳しく見ていこう。

　まずは発電方法や電力供給に関連した質問項目を中心に見ていく。

【原子力発電所や火力発電所を増やすのをやめて，電力供給の新しい方法を開発すべきだ】の設問では都市部地域の平均値が3.43と最も高く，原発立地地域（3.31），事故当該地域（3.26）とのあいだに有意な差が見られた。3地域とも中立点である2.5点を上回っていることから，電力供給のための新しい発電方法への期待の高さがうかがえる。しかし3地域を比較すると，都市部地域に比べて原発立地地域や事故当該地域は新しい発電方法への期待が低い。【原子力産業は，既存の発電所よりも安全な新世代の原子力発電所の建設が可能だという立場をとっている。もしそうだとすれば，国の将来の需要を満たすため，

このような新世代の原子力発電所の建設に賛成である】では，都市部地域が2.42，原発立地地域が2.28，事故当該地域が2.39となっていた。この設問は"新世代原子力発電所"の建設の是非を問うていることから，先の"新しい発電方法"への賛否に比べると，値は低く，中立点である2.5点をやや下回っている。ただしここでも新しい発電方法への積極的な関心を示しているのは都市部地域である。【石炭や石油燃焼に伴う酸性雨，オゾン層破壊，気候の変化の健康への影響を考慮すると，将来の電力需要を満たすために，日本は原子力への依存度を高めるほうが良い】では，環境問題との結びつきから原子力発電の是非を問うている。結果は都市部地域が2.13，原発立地地域が2.09，事故当該地域が2.19といずれも2点をやや上回る値であり，全般的に否定的な態度を示していた。また【将来の電力需要を満たすためのエネルギー輸入を避けるためには，日本は，原子力発電の割合を高めるほうが良い】では都市部地域が2.10，原発立地地域が2.08，事故当該地域が2.13とこれも3地域いずれも2点をやや上回る値にとどまり，否定的である。このことはつまり，将来何らかの事情によって，日本国内での電力供給量が間に合わなくなったとしても，原発立地よりはエネルギー輸入を選択したほうが，民意の賛同を得やすいことを意味している可能性がある。

　これら4項目は，原子力発電所の立地に絡んだ設問である。電力供給のための新しい方法を求める意見が強く，たとえ環境問題や，エネルギー需要の問題があっても，原子力発電には消極的であることがわかる。しかし，3地域を比較すると，次世代発電に対する関心は都市部地域が最も高く，それに比べて原発立地地域や事故当該地域はやや関心が低い。

　【原子力発電所の周辺住民は，発電所が適切に運転されていないと思われる場合に発電所を閉鎖する権限をもつべきだ】【原子力発電所は，周辺の住民が受け入れに自発的に賛成するまで建設・運転してはならない】の2つの設問は，原子力発電所の運営に関する住民のイニシアチブを問うている。前者では都市部地域が3.26，原発立地地域が3.27，事故当該地域が3.23とどの地域も原子力発電所の閉鎖に関する強い権限が求められている。後者では都市部地域が3.10，原発立地地域が3.17，事故当該地域が3.12とここでも原子力発電所の建設・運転に対する周辺住民の強い発言力が求められている。3地域に有意な態

度の違いは見られなかった。また【原子力発電所の建設認可の手続きには，住民の懸念を考慮する機会が十分に与えられている】の設問では，都市部地域が2.02，原発立地地域が2.11，事故当該地域が2.08と3地域とも平均が2点あたりに集中しており，住民の意見が考慮されていないと考えているようである。【原子力のような問題は住民投票で決定するべきだ】の設問も，住民のイニシアチブに関連した設問である。3地域ともこの設問に対して賛成の態度を示しているが，原発立地地域の平均値（2.95）が最も高いのに対して，都市部地域（2.78）や事故当該地域（2.74）の値はそれよりも低く，統計的にも有意である。事故当該地域で原子力の問題に対して住民投票を求める態度が，事故当該地域以外の原発立地地域よりも弱いことは興味深い。この背景には東海村に原発が誘致された歴史的な経緯が反映しているのではないかと考えられる。東海村に原子力発電所が誘致されたのは1966年である。当時この地には国からのトップダウン的な政策として原子炉が誘致された色彩が強い。このことが事故当該地域で，原子力政策が住民投票のように住民主導で行われるべきだという意識を弱めているのではないかと考えられる。

　【近くに原子力発電所があると，よその人々から見てその地域の魅力が低下する】の設問では都市部地域が2.91，原発立地地域が2.93，事故当該地域が2.79といずれも2.5点を上回り，魅力の低下を懸念する意見が見られる。ただし事故当該地域は他の2地域に比べて値が有意に低い。

　【放射性廃棄物を安全に保管する方法がわからないから，原子力発電所の使用をやめるべきだ】の設問では，都市部地域が2.72，原発立地地域が2.75，事故当該地域が2.63となっており，いずれの地域も中立点である2.5点を上回っている。とくにこの意見が強いのは原発立地地域であり，事故当該地域とのあいだに有意な差が見られた。また【原子力産業は廃棄物を安全に管理する能力がある】の設問に対しては都市部地域が1.87，原発立地地域が1.96，事故当該地域が2.05となっており，都市部地域と事故当該地域とのあいだに統計的に有意な意見の相違が見られた。ここでは都市部地域に比べて事故当該地域のほうが原子力産業廃棄物の管理に対する信頼が高いと考えることができるだろう。これは事故当該地域が全般的に原子力に関連する科学技術を信頼していることの反映かもしれない。そのことを裏づける結果はつぎの質問項目にも見ら

れた。

　【ほとんどの科学者は原子力のリスク（危険性）が受容可能であることに同意している】の設問では，都市部地域が2.31，原発立地地域が2.44，事故当該地域が2.42であり，都市部地域よりも原発立地地域，事故当該地域のほうが有意に高かった。また【原子力の危険性に関する意見の相違は科学的データや分析により解決することができる】の設問では都市部地域と原発立地地域が2.17，事故当該地域が2.22，また【原子力は，科学技術においてわが国が誇るべき成果だ】の設問では都市部地域が2.13，原発立地地域が2.20，事故当該地域が2.31，そして【原子力発電所を建設，運転，調整する専門家や技術者は信頼できる】の設問では都市部地域が1.97，原発立地地域が2.12，事故当該地域が2.16となっている。このうち【原子力は，科学技術においてわが国が誇るべき成果だ】【原子力発電所を建設，運転，調整する専門家や技術者は信頼できる】の設問では，事故当該地域が都市部地域よりも有意に肯定的であった。ここで紹介した項目は，大部分の平均値が中立点である2.5点を下回っていることから，全般的には科学技術に対する不信感が現れていると言える。しかし原発立地地域や事故当該地域は，都市部地域に比べ科学技術に対する信頼が高い。とくに事故当該地域の原子力にかかわる科学技術への信頼の高さは，この地域の原子力に対する考え方の1つの特徴を表していると言えるだろう。

　【原子力は不道徳だ。なぜならば未来の世代の了承なしに彼らにリスク（危険性）を押しつけるからだ】の設問では，都市部地域が2.67，原発立地地域が2.83，事故当該地域が2.70となっている。ここでは都市部地域や事故当該地域よりも，原発立地地域の値が高い。将来に負の遺産を残す可能性のある原子力に対するある種の危機感の現れととらえることができるかもしれない。

　【原子力はわが国の経済的繁栄のために必要不可欠だ】の設問では，都市部地域が2.40，原発立地地域が2.41，事故当該地域が2.53であった。3地域とも中立点である2.5点の周辺の値を示している。都市部地域でも中立点に近い平均2.40の値を示しているということから，おそらく国民全体の半数近くの者は原子力が日本の経済発展にとって必要であるとの認識をもっていると予想できる。自分の居住地域への原発誘致には反対の態度が強いにもかかわらず，経済発展などの側面で，原子力が必要であると認識されていることは，原子力に

対する複雑な思いが示されていると言える。またとくに事故当該地域が他の2地域よりも，有意に値が高いことにも触れておく必要がある。ここにも事故当該地域（とくに東海村）が原子力とともに歩んできた歴史が，ある種，特別な意見形成の役割を果たしているものと予想される。

【原子力はわが国の国際的地位と安全保障にとって不可欠だ】の設問では，都市部地域が2.22，原発立地地域が2.26，事故当該地域が2.36であった。都市部地域と事故当該地域とのあいだに有意な差が認められ，事故当該地域のほうがこの設問に対して肯定的である。この2つの設問や，先に紹介した【原子力は，科学技術においてわが国が誇るべき成果だ】の設問はいずれも日本が国際的な競争力をもつために原子力が必要かどうか，つまり国益としての原子力の評価を問うている。事故当該地域は国益としての原子力を相対的に高く評価していることがわかる。

【雇用や交付金の見返りがあれば，周辺地域や原子力発電所によるリスク（危険性）を受け入れてもよい】の設問では，都市部地域が1.79，原発立地地域が1.82，事故当該地域が1.80と3地域すべてにおいて，設問中最も低い平均値が示されている。

(4) 原子力に対する態度のまとめ

原子力に対する日本国内での世論の特徴を一言でまとめると「ネガティブ（否定的）」である。新しい原発の立地には反対，放射性廃棄物の取り扱いには強い不信を抱いている，原発立地・運営に対する住民のイニシアチブが弱い，原子力を日本の誇るべき科学技術だとは考えていないなどの意見を指摘できる。

しかしその一方で，今回の調査から読みとれる非常に興味深い特徴もある。それは，事故当該地域住民の原子力に対するとらえ方である。事故当該地域の住民はJCO事故による被害の当事者であることを忘れてはいけない。一般的に考えるならば，事故の被害者である事故当該地域の住民が，ほかの地域の住民に比べて，原子力産業全般に対して否定的な感情を抱くであろうことが予想される。にもかかわらず，今回の調査ではそのような傾向は認められなかった。とくに原子力技術に対する信頼の高さなどを見ると，ほかの地域よりも事故当

該地域のほうが高い（【原子力は，科学技術においてわが国が誇るべき成果だ】や【原子力発電所を建設，運転，調整する専門家や技術者は信頼できる】の結果をもう一度見て欲しい）。また，原子力が国益のために必要であるという認識も事故当該地域は強い。なぜ事故当該地域でこのような態度が形成されたのかを理解するためには，この地域が原子力と共存することになった歴史的な背景を理解しておく必要がある。

(5) 原子力に対する態度構造

原子力に対する態度を測定するとき，ただたんに賛成か反対かを問うただけでは，正しく態度を測定できないことは先に述べた。そのために広範な視点から質問項目を作成し，広く態度をとらえるのが社会心理学の一般的なやり方である。ところで広く態度をとらえるとはどういうことなのだろうか。分析上の考え方となるのだが，一般にある1つの意識や態度を測定しても，その意識や態度が複数の下位次元で構成されていることを発見することがある。例えば○○という意識を測定するためにその意識の定義にもとづいて複数の質問項目を作成し，分析してみると，実は1つの意識だと思っていたものがより複数の下位の意識で構成されているという場合がある。このときこうした意識構造を分析するために頻繁に用いられるのが因子分析という手法である。因子分析というのは，人がある対象に対する評価・判断をするとき用いる潜在的な次元を抽出する方法であり，心理学が最も貢献した解析手法の1つといっても良いだろう。

今回の分析では，上述の20項目のうち，原発立地に対する態度を尋ねた【もしあなたの地域で電力不足の可能性に直面したら，電力供給のために新しい原子力発電所を建設することに対してあなたは「強く賛成」「賛成」「反対」「強く反対」しますか】を除いた19項目について3ヶ国すべてのサンプルをベースに因子分析を行った。因子分析の手順は以下のとおりである。

因子分析が潜在的な評価・判断の次元を抽出する手法であることは前述のとおりであるが，因子数を決定する方法について，それほど確かな基準はない。一般には，1) 抽出された因子がもつ固有値と呼ばれる値が1以上の因子を採用する，2) 固有値の変化の大きな因子の手前の因子までを採用する，3) 構成

1. 原子力支持的態度について　125

表8.2　原子力支持的態度因子に対する各設問の因子負荷量

項　　　　目	因子負荷量
将来の電力需要を満たすためのエネルギー輸入を避けるためには，日本は，原子力発電所の割合を高めるほうが良い。	.756
石炭や石油燃料にともなう酸性雨，オゾン層破壊，気候の変化の健康への影響を考慮すると，将来の電力需要を満たすために，日本は原子力の依存度を高めるほうが良い。	.723
原子力は科学技術においてわが国が誇るべき結果だ。	.704
原子力はわが国の経済繁栄のために必要不可欠だ。	.673
原子力産業は既存発電所よりも安全な新世代の原子力発電所の建設が可能だという立場をとっている。もしそうだとすれば，国の将来の需要を満たすため，このような新世代の原子力発電所の建設に賛成である。	.669
原子力発電所を建設，運転，調整する専門家や技術者は信頼できる。	.651
原子力産業は廃棄物を安全に管理する能力がある。	.644
原子力はわが国の国際的地位と安全保証にとって必要不可欠だ。	.630
放射性廃棄物を安全に保管する方法がわからないから，原子力発電所の使用をやめるべきだ。	−.602
原子力は不道徳だ。なぜならば未来の世代の了承なしに彼らにリスクを押しつけるからだ。	−.571
ほとんどの科学者は原子力のリスクが受容可能であることに同意している。	.567
原子力発電所の建設認可の手続きには，住民の懸念を考慮する機会が十分に与えられている。	.523
原子力の危険性に関する意見の相違は科学的データや分析により解決することができる。	.503
雇用や交付金の見返りがあれば，周辺地域は原子力の発電所によるリスクを受け入れても良い。	.488
原子力発電所や火力発電所を増やすのをやめて，電力供給の新しい方法を開発すべきだ。	−.486
原子力発電所の周辺住民は，発電所が適切に運転されていないと思われる場合に発電所を閉鎖する権力をもつべきだ。	−.414
近くに原子力発電所があると，よその人々から見てその地域の魅力が低下する。	−.398
原子力発電所は，周辺の住民が受け入れに自発的に賛成するまで建設・運転してはならない。	−.299
原子力のような問題は住民投票で決定すべきだ。	−.271

$\alpha = .88$

された因子に含まれる項目の内容から，最も解釈が可能な分析結果を採用する，の3つの方法のいずれかをもとに因子数を決定する。今回の分析では固有値1以上の値をとる因子が3因子抽出された。それぞれの因子を解釈すると，第1因子は原子力に対する肯定的態度因子，第2因子は原子力に対する否定的態度因子，そして第3因子は原子力の受容因子であった。また，予備的に2因子解を求めるオプションを指定して因子分析を行ったところ，第1因子と第3因子

は1つの因子としてまとまってしまうことがわかった。つまり2因子解によって抽出されたのは原子力に対する肯定的態度因子と否定的態度因子である。さらに固有値の変化を見ると，第1因子の固有値が6.24と大きく，第2因子の固有値は2.14，そして第3因子の固有値は1.06であった。このことは19項目が1つの因子にまとまる可能性を示唆している。そこでこの19項目のα係数（内的一貫性を示す指標）を算出したところ，0.88という高い値を得た。因子分析を用いた尺度分析に長けておられる方なら，このα係数の値は非常に高く，1因子として解釈することが適切であるという判断にある程度納得していただけるのではないかと思う。因子分析の結果については表8.2をご覧いただきたい。それぞれの項目の横には，1因子解を指定して因子分析にかけたときの因子負荷量を記載してある。今後，ここで抽出された因子を「原子力支持的態度因子」と呼ぶことにする。

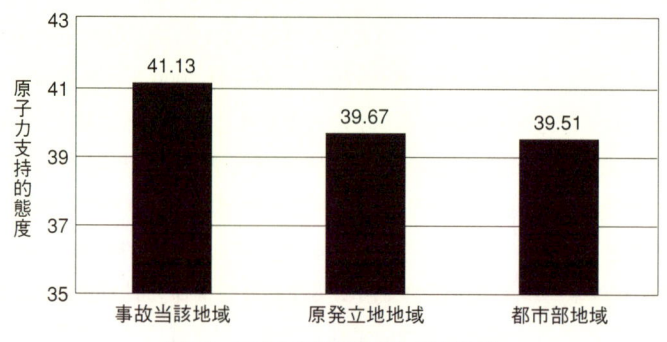

(6) 原子力支持的態度の3地域比較

因子分析の結果，原子力に対する態度が「原子力支持的態度」という単一因子に代表される次元で構成されていることが明らかになった。そこでつぎに原子力支持的態度因子を反映する指標をもとに3地域の比較を試みる。一般に1つの因子を代表する個々の質問項目は，因子負荷量の符号の向き（＋・－）を参考にしながら，意味に矛盾しない方向で単純加算して1つの新しい指標に換算し利用することができる。そこで本研究でも19項目の得点それぞれについ

図8.3 原子力支持的態度の3地域比較

て，値が高くなるほど原子力に対して支持的な態度を意味するよう得点を換算したうえで単純加算を行い，原子力支持的態度に関する1つの変数を作成した。この変数は4件法からなる設問を19項目足しあげていることから，最小値が19点，最大値が76点となり，個人の得点は19～76点の間で分布する。図8.3は原子力支持的態度得点の平均値を3地域別に算出したものである。分散分析の結果，都市部地域と事故当該地域とのあいだに統計的に有意な差が見られた。都市部地域と原発立地地域，原発立地地域と事故当該地域とのあいだには統計的に有意な差は見られなかった。このことから都市部地域は原子力支持的態度が最も低く，事故当該地域は都市部地域よりも有意に原子力支持的態度が高いことが示された。

本書ではこの原子力支持的態度因子を原子力世論を代表する変数と考え，次章以降ではこの原子力支持的態度が回答者の属性やほかの価値態度とどのような関連をもっているのかを明らかにしていく。

2. 原子力支持的態度を規定する属性要因の検討（年齢，性別，政治的態度・支持政党，収入，学歴，子どもの数）　（上瀬由美子）

原子力発電を支持する，あるいはしない人とはどのような人なのだろうか。支持・不支持傾向は，その人の年齢や性別によって異なるのだろうか。本節では，年齢や性別といった個人の属性と，原子力発電に対する態度との関連を検討する。

原子力発電に関してこれまで行われてきた研究では，その態度が性別や年齢によって異なることが明らかにされている。例えば1999年に総理府が行った調査では，原子力発電の増設を肯定する人は女性よりも男性に多く，年齢別に見ると「将来的に廃止する」の肯定率が30代で高いことが示された。また1991年に社会経済国民会議が行った調査によれば，原子力発電の推進主体に対する不信感が強いのは「30代および40代前半」の年齢層で，学歴的には「専門学校・高専・短大卒」が強く，職業別には「主婦」層が強いことが指摘されている。これらの調査結果はいずれも，原子力発電に対する考え方が，性別や年齢などの基本的な属性によって異なることを示している。

128　8　原子力に対する世論の構造を探る

　前節では「エネルギー輸入を避けるためには，原子力発電の割合を高めるほうが良い」といった原子力に対する支持的態度の強さを測定する尺度を作成した。この尺度得点を，原子力支持に対する1つの指標として用い，基本的属性によってこの得点が異なるか否かを検討した。ここで取り上げた基本的属性は，年齢・性別・政治的態度・支持政党・年収・学歴・子どもの数である。なお，原子力支持的態度尺度得点は，4段階評定法で回答を求めた19項目の回答を単純加算しており，19点～76点を得点範囲としている。

(1) 年代別に見る原子力支持的態度

　本調査の回答者は，20代から80代まで広く分布している。図8.4は，各年代別に原子力支持的態度得点の平均を求めたものである。

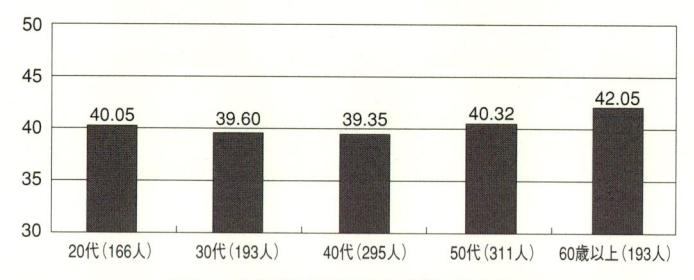

年代	得点
20代(166人)	40.05
30代(193人)	39.60
40代(295人)	39.35
50代(311人)	40.32
60歳以上(193人)	42.05

図8.4　年代別に見る原子力支持的態度得点

注）分散分析の結果，年代の有意な主効果が見られている（$F = 2.75$　$p < .05$）。下位検定の結果では有意な差は見られていない。

　全体として大きな差は見られないが，30代と40代の得点がやや低く，60代の原子力支持的態度が強いという形になっている。既存研究を見ると，1991年に行われた社会経済国民会議の調査では，「30代および40代前半」の人たちが，「40代後半および50代」の人たちと比べて，原子力発電の推進・運営体制やその主体に対する不信感を強くもっていることが指摘されていた（社会経済国民会議，1991）。その10年後に行われた総理府（1999）の調査でも，「将来的に廃止する」の肯定率が30代で高いことが示された。またこの調査では，原子力発電に対する不安が30～40代で高いことが示されている。
　本調査の結果は，これらの既存研究とほぼ同様の傾向を示している。調査の行われた年にかかわらず30～40代で原子力発電に対する否定的態度が示され

たことから，この年代特有の心性が態度に反映しているものと考えられる。しかしながらこの問題については，否定的態度が原子力発電に固有の現象なのか，あるいはほかの社会機構についても同様なのかについて明らかにする必要がある。

(2) 原子力支持的態度の男女差

原子力支持的態度を，性別に見たのが図8.5である。

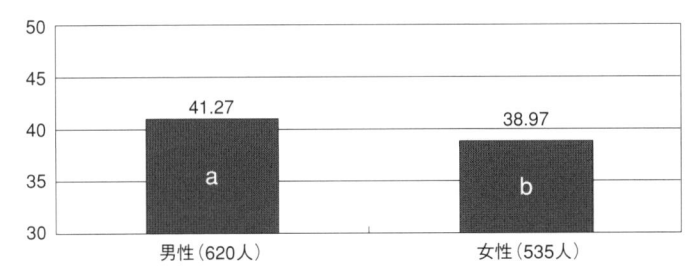

図8.5　性別に見る原子力支持的態度得点

男性（620人）: 41.27 (a)
女性（535人）: 38.97 (b)

注）t 検定の結果，男性の平均値のほうが，女性よりも有意に高いことが示された（$F = 4.23$　$p < .001$）。値の下に記されたアルファベットが異なる場合は，その間に統計的に有意な差が見られたことを示している。

これを見ると，男性の方が女性よりも原子力支持的態度が高いことがわかる。従来より，原子力発電に関して女性の方が放射能に不安を強く感じ（例えば社会経済国民会議，1991），推進については否定的であるとの結果が示されている（総理府，1999）。本調査も同様の傾向を示したものと言える。

(3) 政治的態度と支持政党別に見る原子力支持的態度

つぎに，政治的態度によって原子力支持的態度が異なるか否かを検討した。

まず第1に，保守 - 革新という次元で政治的態度を測定し，原子力支持的態度との関連を検討したのが図8.6である。

グラフに示されたように，政治的態度が保守的であるほど，原子力支持的態度も高くなっている。

わが国において原子力発電への支持と政治的態度の関連に関する詳細な分析はまだ少ないが，本調査からは「政治的態度の保守的な人は原子力発電を支持する傾向が高く，革新的な人は支持する傾向が低い」という傾向が指摘できる。

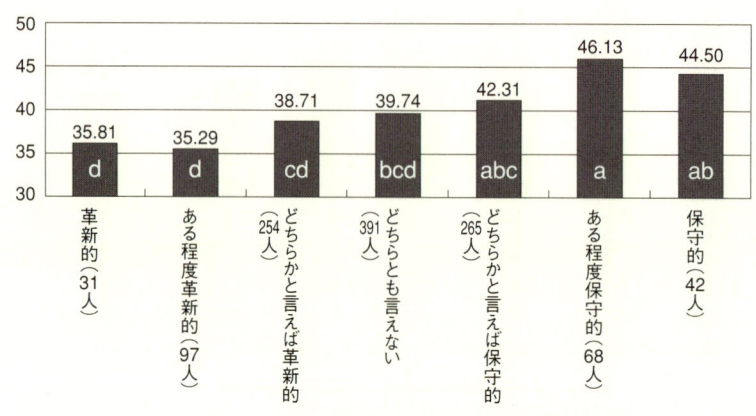

8 原子力に対する世論の構造を探る

図8.6 政治的態度別に見る原子力支持的態度得点

カテゴリ	得点	群
革新的（31人）	35.81	d
ある程度革新的（97人）	35.29	d
どちらかと言えば革新的（254人）	38.71	cd
どちらとも言えない（391人）	39.74	bcd
どちらかと言えば保守的（265人）	42.31	abc
ある程度保守的（68人）	46.13	a
保守的（42人）	44.50	ab

注1) 分散分析の結果，政治的態度の有意な主効果が見られている（$F = 16.38\ p < .001$）。
注2) 下位検定の結果，全体として保守的なものほど原子力を支持，革新的なものほど支持しないという傾向が見られている。
注3) 値の下に記されたアルファベットが異なる場合は，そのあいだに統計的に有意な差が見られたことを示している。
注4) 「革新的」(1点)〜「保守的」(7点)と数量化し，原子力支持的態度との相関を算出した結果で（$r = 0.259\ p < 0.001$），保守的であるほど原子力支持的態度が高いことが示されている。

つぎに，調査実施（1999年11月）時点の主な政党から，自分の考え方に最も近い政党をチェックしてもらった結果別に，支持的態度を比較したのが図8.7である。

下位検定の結果，自由党・自由民主党支持者は相対的に原子力支持的態度が高く，逆に日本共産党支持者では低くなっている。民主党・公明党・社会民主党支持者はそのあいだにあるが，民主党支持者の態度は自由民主党支持者に近い。

これらの傾向は，先の政治的態度にもとづく「政治的態度の保守的なものは原子力発電を支持する傾向が高く，革新的なものは支持する傾向が低い」との結果と一致している。原子力発電に関する態度は，政治的態度やそれにもとづく支持政党と強く関連している。

1988年に行われた朝日新聞社の世論調査では，民社党支持者では「原発賛成」が「反対」を上回っているのに対し，自民党では両者が拮抗，社会党・公明党・共産党支持者では「反対」が「賛成」を3割以上上回るという傾向が見られている。朝日新聞社の調査結果は，本調査で示された「保守—原発支持，

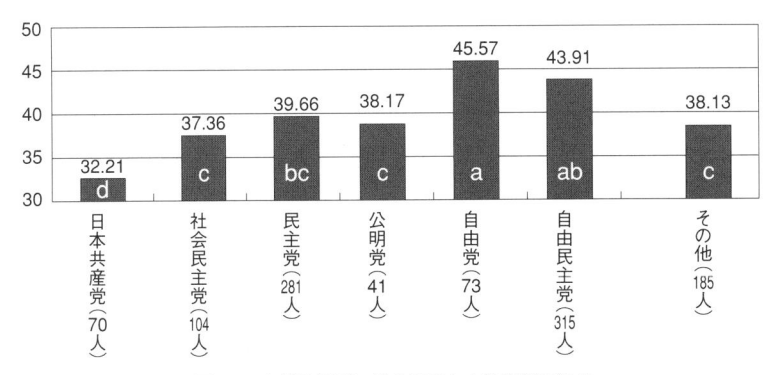

2. 原子力支持的態度を規定する属性要因の検討　131

図 8.7　支持政党別に見る原子力支持的態度得点

（棒グラフ：日本共産党(70人) 32.21 d、社会民主党(104人) 37.36 c、民主党(281人) 39.66 bc、公明党(41人) 38.17 c、自由党(73人) 45.57 a、自由民主党(315人) 43.91 ab、その他(185人) 38.13 c）

注 1）分散分析の結果，支持政党の有意な主効果が見られている（$F = 28.13$　$p < .001$）。
注 2）値の下に記されたアルファベットが異なる場合は，そのあいだに統計的に有意な差が見られたことを示している。

革新―原発反対」という形と大まかには一致しており，これが安定した態度傾向であることが示唆される。

(4) 年収・学歴別に見る原子力支持的態度

続いて，社会的階層の指標とされる年収・学歴が，原子力支持的態度に関連するかを検討した。まず，世帯の年間所得の総額について尋ね，その段階別に支持的態度得点を算出したのが図 8.8 である。

図に示されたように，所得による回答差はほとんど見られていない。

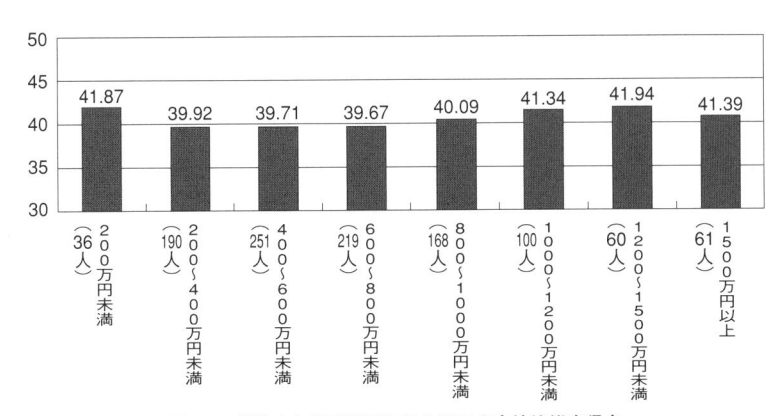

図 8.8　世帯の年間所得別に見る原子力支持的態度得点

（棒グラフ：200万円未満(36人) 41.87、200〜400万円未満(190人) 39.92、400〜600万円未満(251人) 39.71、600〜800万円未満(219人) 39.67、800〜1000万円未満(168人) 40.09、1000〜1200万円未満(100人) 41.34、1200〜1500万円未満(60人) 41.94、1500万円以上(61人) 41.39）

注）分散分析の結果，年収による有意な差は見られなかった（$F = 1.03$ $n.s.$）。

つぎに、学歴別に原子力支持的態度得点を算出したところ、図8.9に示すようになった。

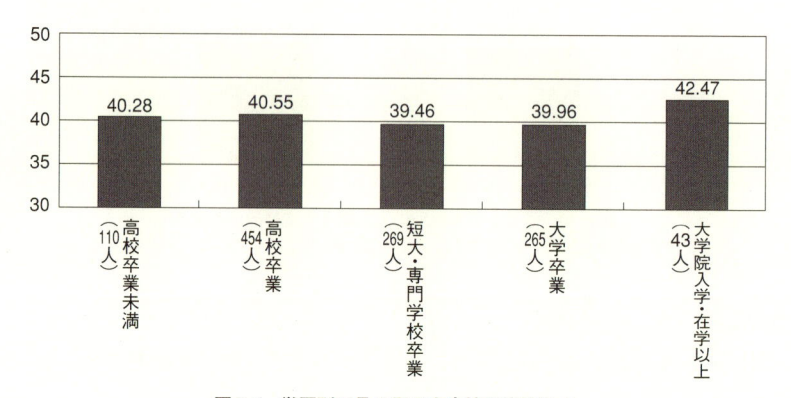

```
高校卒業未満（110人）       40.28
高校卒業（454人）           40.55
短大・専門学校卒業（269人）  39.46
大学卒業（265人）           39.96
大学院入学・在学以上（43人）  42.47
```

図8.9　学歴別に見る原子力支持的態度得点
注）分散分析の結果、学歴による有意な差は見られなかった（$F = 1.25$ n.s.）。

図を見ると、大卒以上で支持的態度が高めの値が示されているが、分散分析の結果、学歴による有意な差は見られなかった。

既存研究のなかには、学歴と原子力態度との関連を指摘するものもある。例えば社会経済国民会議（1991）の調査では、「専門学校・高専・短大卒」で原子力発電推進主体に対する不信感や放射能不安が高く、放射能制御が困難との認識をもちやすいと指摘している。

しかしながら、本調査ではこのような関連は見られていない。これが調査方法の違いによるものなのか、あるいは調査が行われた時期の問題であるのかは不明である。ただし、いずれにしても原子力支持か否かという単純な測定においては、学歴との関連は薄いと結論づけられる。

(5) 子どもの有無別に見る原子力支持的態度

先に、原子力支持的態度と年齢との関連分析では、30〜40代において否定的であることが示された。この世代に否定的態度が強い理由の1つとして、家族内に子どもがいてこの点から敏感になっているのではないかとの推測がなされる。このため本調査では、子どもの有無が原子力支持的態度に関連するかを検討した。子どもの有無別に支持的態度得点の平均値を算出したのが図8.10

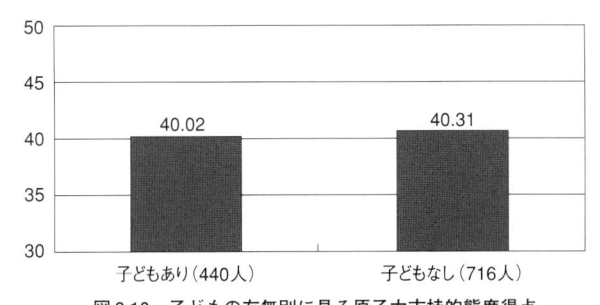

図8.10　子どもの有無別に見る原子力支持的態度得点
注）t検定の結果，子どもの有無別による有意な差は見られなかった（$t = 0.51\ n.s.$）。

である。

図に示されたように，子どもの有無別による原子力支持的態度に差は見られなかった。

(6) まとめ

本節ではここまで，原子力に対する支持的態度が，年齢や性別といった個人の属性によってどのように異なるのかを検討してきた。結果をまとめると，従来の研究どおり態度に最も影響を与えるのは性別であり，男性の方が女性よりも原子力支持的態度が高い。一方年齢については，全体として大きな差は見られないが，30～40代で原子力発電に対する否定的態度が高いことが示唆された。一方，学歴や年収といった変数と原子力支持的態度は明確な関連が見られず，社会的階層によって左右されるものではないことが示唆された。むしろ支持する政党や政治的態度という本人の政治意識が支持的態度と関連があり，保守―支持，革新―反対という図式が明確に示された。この点から，わが国における原子力に対する態度は個人の価値観の次元で左右される傾向があると結論づけられる。第6章においても，原子力に対するイメージは学歴や年齢といった基本的属性とはあまり関連がなく，政治的姿勢や，本人の社会に対する価値観（楽観的社会進歩観・権威主義的社会観）による影響が強いとの結果が提出されている。これらの研究結果と合わせ，わが国において原子力に対する態度を左右するものは，社会に対してどのような考えを本人が抱くかという個人の価値観であるとあらためて言えるであろう。

3. 社会的態度の比較　　　　　　　　　　　　　　　　　　　　（宮本聡介）

　前節までの報告から，国内3地域（事故当該地域，原発立地地域，都市部地域）では原子力に対する態度や，原子力が健康リスクに及ぼす影響に対する認知に違いが見られることが指摘された。本節以降では，こうした認知の違いを生む要因を明らかにすることを試みる。まず本節では国内3地域でのリスク全般に対する一般的な態度，社会的価値観態度などについて検討し，それぞれの価値観・態度が国内3地域でどのように異なっているかを探る。

(1) リスクに対する一般的態度
　表8.3はリスクに対する一般的態度を測定するために作成された16の質問項目とその平均値を3地域別に示したものである。「強く賛成である」を4点，「賛成である」を3点，「反対である」を2点，「強く反対である」を1点として得点化している。中点は2.5点となることから，これよりも値が高ければ質問に対して賛成，低ければ反対の傾向が読みとれることになる。
　質問項目の詳細については，表をご覧いただくとして，ここでは3地域で有意な違いが見られた項目について解説を加えておく。

　【私の住んでいるところには，健康に深刻な影響のある環境問題がある】では都市部地域（2.67）よりも原発立地地域（3.04）や事故当該地域（2.95）のほうが値が高かった。一般に都市部地域のほうが公害問題や騒音問題などが頻発し，環境問題に対する意識が敏感になっているように思えるかもしれない。しかし本調査の結果からは，原発立地地域や事故当該地域のほうが環境問題を深刻にとらえていることが示された。原発関連地域は原子力関連施設が自分たちの身近にあり，こうした施設の存在が環境問題に対する意識を敏感にさせている可能性がある。
　【非常に深刻な健康問題があれば，厚生省や保健所が対応するだろう。具体的な問題について警告が出るまでは，私が心配する必要はない】では都市部地域（1.78）が事故当該地域（1.90）よりも有意に値が低かった。深刻な健康問

表8.3 リスクに対する一般的態度の3地域（事故当該地域，原発立地地域，都市部地域）比較

	事故当該地域 平均値	原発立地地域 平均値	都市部地域 平均値
私の住んでいるところには，健康に深刻な影響のある環境問題がある。	2.95 b	3.04 b	2.67 a ***
私たちの周囲の土壌，空気，水はかつてないほど汚染されている。	2.81	2.86	2.89
環境汚染による健康への危険性は，適切な運動・食生活などのライフスタイルの改善で補うことができる。	2.45	2.47	2.36
ある物質が動物実験で癌を引き起こすことが科学的に実証されれば，その物質が人間にもガンを引き起こすと考えてもよいだろう。	3.06	3.12	3.05
非常に深刻な健康の問題があれば，厚生省や保健所が対応するだろう。具体的な問題について警告が出るまでは，私が心配する必要はない。	1.90 b	1.88 ab	1.78 a
私たちは日常生活で化学物質や化学製品に接することを避けようといっしょうけんめい努力している。	2.59 b	2.55 ab	2.47 a *
人は，払える限り，必要とするだけの電気を利用する権利がある。	2.00 ab	2.09 b	1.92 a **
経済の強化のためには，国民の健康への影響も多少は容認せざるを得ない。	1.77	1.86	1.76
温室効果は環境のためには，人々の健康に有害な変化をもたらし得る深刻な問題である。	3.14	3.07	3.15
日本社会は健康に関するささいな問題にも敏感になっている。	2.54 b	2.56 b	2.43 a *
私自身の健康へのリスクに対して自分ではコントロールできないと感じている。	2.77 b	2.79 b	2.67 a *
健康へのリスクに関する決定は専門家にまかせるほうがよい。	2.28	2.24	2.20
新しい発電所を建設するよりも，電力使用の制限や調整などの手段をとるべきだ。	3.06	3.07	3.04
リスクのない環境は，日本にとって達成可能な目標だと信じる。	2.74	2.79	2.66
電力の使用を減らすと私たちの生活水準が下がって支障をきたす。	2.38	2.39	2.29
産業界は，払える限り，必要とするだけの電力を使う権利がある。	1.94	1.97	1.86

$*p<.05$, $**p<.01$, $***p<.001$

注1) 値が大きいほど否定的な意味合いになるよう得点化。
注2) アルファベットのついている項目では統計的に有意な差がある。
注3) 1つのリスク因子について同じアルファベットが記載されている地域どうしには統計的に有意な差はない。

題があっても，東海村や那珂町では自分たちがそれに対して積極的に対処するという態度が都市部地域よりも弱いことを意味している。しかしその一方で【私たちは日常生活で化学物質や化学製品に接することを避けようといっしょうけんめい努力している】では都市部地域（2.47）よりも事故当該地域（2.59）のほうが値が高かった。事故当該地域では，深刻な健康問題については公的機関への依存を強めながらも，化学製品や化学物質を積極的に回避する姿勢も見られる。自身の努力と同時に，公共機関に何らかの責任を求める態度の両方を合わせもっているようである。

【人は払える限り，必要とするだけの電気を利用する権利がある】では，原発立地地域（2.09）が都市部地域（1.92）よりも有意に値が高かった。事故当該地域（2.00）は原発立地地域や都市部地域のちょうど中間的な値をとっており，2地域とのあいだに有意な差はない。原発立地地域は，原子力発電によって大都市へ電力を供給している地域である。自分たちの居住地域で電力を提供しているのだから，自分たちにも電力を利用する権利があるとする意識が高いことは納得ができる。ただし，いずれの地域も平均値が2点前後にあり，全般に「反対」の態度を示す傾向が認められる。権利を盾に可能な限り電力を利用しても，石油資源の枯渇や二酸化炭素の排出などが，いずれ環境問題につながるのではないかという意識が，電力を可能な限り利用するという権利意識を抑えたのではないかと考えられる。この設問に関連する項目として【新しい発電所を建設するよりも，電力使用の制限や調整などの手段をとるべきだ】がある。3地域に有意な差は見られなかったものの，いずれの地域も3点を越える高い値を示している。電力使用の制限や調整といった対策がいずれ必要になる時期が来るのかどうか，現時点では定かではないが，こうした対策が比較的受け入れられる可能性があることがこの設問からうかがえる。

【日本社会は健康に関するささいな問題にも敏感になっている】では原発立地地域（2.56）や事故当該地域（2.54）が，都市部地域（2.43）よりも有意に値が高かった。近年，健康ブームに乗った商品の開発や，健康関連のテレビ番組などが流行しているが，こうした流れに対して，原発関連の地域は都市部地域よりも批判的な態度を示していると言える。

【私自身の健康へのリスクに対して自分ではコントロールできないと感じて

いる】でも，原発立地地域（2.79）や事故当該地域（2.77）が，都市部地域（2.67）よりも有意に値が高かった。つまり都市部地域居住者のほうが，自分の健康に対するコントロール力が高いと感じている。

(2) 一般的リスク態度の因子構造

リスクに対する一般的態度を測定する質問項目に対して，重み付けデータを用いた因子分析を行った。固有値の減衰パターンから，一般的リスク態度は2因子構造であると解釈するのが妥当であると判断した。バリマックス回転後の説明率は全分散の29.7％であった。

表8.4は回転後のリスクに対する一般的態度の測定に用いた各項目の因子負荷量を示している。第1因子は「産業界は，払える限り，必要とするだけの電力を使う権利がある」「人は，払える限り，必要とするだけの電気を使用する権利がある」「非常に深刻な健康の問題があれば，厚生省や保健所が対応するだろう。具体的な問題について警告が出るまでは，私が心配する必要はない」「健康へのリスクに関する決定は専門家にまかせるほうがよい」などへの因子負荷量が高い。負荷量が0.7を超える2つの項目は，電力利用の権利を主張するものである。電力の大量利用の背後には，火力発電などによる地球温暖化，原子力事故などによる放射能（放射線）漏れなどのリスクがともなうと考えられるが，こうしたリスクは専門家や政府などが何とかしてくれるという依存的な意識にかかわる因子と解釈できる。そこで第1因子は「他者依存的リスク受容」因子と命名した。第2因子は「リスクのない環境は，日本にとって達成可能な目標だと信じる」や「私たちは日常生活で化学物質や化学製品に接することを避けようといっしょうけんめい努力している」で因子負荷量が高い。積極的にゼロリスク環境を求め，日常生活でリスクの可能性のある対象を避けようとする意識を反映した因子であると解釈できる。そこで第2因子は「自立的リスク嫌悪」因子と命名した。この2つの因子の信頼性係数（クロンバックのα係数）を日本全体のサンプルに対して算出したところ，第1因子は$\alpha = 0.72$，第2因子は$\alpha = 0.54$であった。なお，これ以降リスクに対する一般的態度を測定するために用いたこれらの項目を総称して「一般的リスク態度尺度」と呼ぶことにする。

138   8　原子力に対する世論の構造を探る

表8.4　リスクに対する一般的態度の因子分析

	他者依存的リスク受容	自立的リスク嫌悪
産業界は，払える限り，必要とするだけの電力を使う権利がある。	.741	−.199
人は，払える限り，必要とするだけの電気を利用する権利がある。	.736	−.116
非常に深刻な健康の問題があれば，厚生省や保健所が対応するだろう。具体的な問題について警告が出るまでは，私が心配する必要はない。	.606	.119
健康へのリスクに関する決定は専門家にまかせるほうがよい。	.563	.217
電力の使用を減らすと私たちの生活水準が下がって支障をきたす。	.507	−.198
経済の強化のためには，国民の健康への影響も多少は容認せざるを得ない。	.499	.010
日本社会は健康に関するささいな問題にも敏感になっている。	.395	.062
環境汚染による健康への危険性は，適切な運動・食生活などのライフスタイルの改善で補うことができる。	.382	.253
私たちの周囲の土壌，空気，水はかつてないほど汚染されている。	.109	.543
新しい発電所を建設するよりも，電力使用の制限や調節などの手段をとるべきだ。	−.298	.517
温室効果は環境のためには，人々の健康に有害な変化をもたらし得る深刻な問題である。	−.089	.517
私たちは日常生活で化学物質や化学製品に接することを避けようといっしょうけんめい努力している。	.176	.500
ある物質が動物実験でガンを引き起こすことが科学的に実証されれば，その物質が人間にもガンを引き起こすと考えても良いだろう。	−.049	.458
私自身の健康へのリスクに対して自分ではコントロールできないと感じている。	.223	.438
リスクのない環境は，日本にとって達成可能な目標だと信じる。	.111	.430
私の住んでいるところには，健康に深刻な影響のある環境問題がある。	−.178	.382

(3)　一般的リスク態度と個人属性との関連

　因子分析によって抽出された2つの因子（他者依存的リスク受容・自立的リスク嫌悪）と回答者の個人属性との関連を調べるために相関分析を行った（表

8.5)。ここで取り上げた個人属性とは「年齢」「子どもの数」「学歴」「政治的態度」「収入」「性別」の6変数である。政治的態度とは保守的か革新的かを問うものであり，値が大きいほど保守的となるように得点化した。また性別については男性を1点，女性を2点と換算して相関係数を算出している。

表8.5 リスクに対する一般的態度の2因子と個人属性との相関

他者依存的リスク受容	事故当該地域	原発立地地域	都市部地域	日本全体
年齢	.17 ***	.10	.15 **	.15
子どもの数	−.09	−.15 *	−.05	−.05
学歴	−.18 ***	−.09	−.22 ***	−.22
政治的態度（保守性）	.20 ***	.16 *	.18 ***	.18
収入	−.14 **	−.08	−.05	−.05
性別（男＝1，女＝2）	−.16 **	.13 *	−.02	−.02
自立的リスク嫌悪	事故当該地域	原発立地地域	都市部地域	日本全体
年齢	−.06	−.08	.02	.02
子どもの数	.15 **	.07	.03	.04
学歴	−.07	−.01	.01	.00
政治的態度（保守性）	−.12 *	−.16 *	−.15 **	−.15
収入	.01	−.09	−.03	−.03
性別（男＝1，女＝2）	.20 ***	−.02	.12 ***	.12

* $p<.05$，** $p<.01$，*** $p<.001$
注）日本全体は3種のサンプルの人口に応じたウェイトによる重み付けデータを使用。

なお，表中の「日本全体」は事故当該地域，原発立地地域，都市部地域にウェイトをかけたデータから相関係数を算出したものである。ウェイトをかけた場合，相関係数の有意性を求める際の自由度に大きな変動があり，有意性検定のとき第1種の過誤と呼ばれる問題（この場合，相関が有意でないのに有意と検定する過誤）が起きやすくなる。そのためこれ以後も全体の相関係数について，有意かどうかの詳細は記述しない。ただし，地域ごとに算出した相関係数については，第1種の過誤の問題が小さいため，検定の結果も併記する。

他者依存的リスク受容

まず日本全体の結果を見ると，政治的態度（保守性）(.18)，年齢 (.15) とのあいだに正の相関が見られ，また学歴（−.22）とのあいだに負の相関が見られた。

都市部地域では政治的態度（保守性）(.18)，年齢 (.15) と有意な正の相関

が，また学歴（−.22）と有意な負の相関が見られた。このことから都市部地域では高年齢者や，政治的に保守的態度をとる者ほど他者依存的リスク受容が高い一方，学歴が高い者ほど他者依存的リスク受容が低いことがわかる。一般に高年齢者ほど与党支持者が多く，低年齢層ほど野党支持者が多いことが近年の選挙事情でも指摘されており，年齢と政治的態度の相関も，他者依存的リスク受容との正の相関に関連していると考えられる。また，高学歴者ほど他者依存的なリスク受容が見られないということは，他者依存的リスク受容が知識量の多少の影響を受けて形成される態度であると考えられ得る。つまり，高学歴者ほど何が危険で，何が危険でないかということについて参照できる知識をもっており，そのことが他者依存的で受容的なリスク態度の形成を抑制しているものと考えられる。

原発立地地域では政治的態度（保守性）（.16），性別（.13）と有意な正の相関が，また子どもの数（−.15）と有意な負の相関が見られた。性別に見られた正の相関は，女性ほど他者依存的リスク受容が高いことを示している。また，子どもの数との負の相関は，回答者自身の子どもの数が多い者ほど，他者依存的リスク受容が低いことを意味している。子どもの数が多くなるほど，周囲の生活環境のリスクに敏感になることが予想され，そうした敏感なリスク認知が，他者依存的なリスク受容態度を抑えているのだろう。

事故当該地域でも都市部地域と同様，年齢（.17）や政治的態度（.20）と他者依存的リスク受容とのあいだに有意な正の相関が見られた。学歴（−.18）について他者依存的リスク受容とのあいだに有意な負の相関が見られたことも都市部地域と同様の結果である。事故当該地域ではそれに加えて収入（−.14）と他者依存的リスク受容とのあいだに有意な負の相関が認められた。都市部地域や原発立地地域でも相関係数が負の値を示しているが，唯一事故当該地域では値が有意になっている。性別（−.16）を見ると，事故当該地域では有意な負の相関が見られた。これは原発立地地域で有意な正の相関が見られたことと対照的である。原発立地地域では女性ほど他者依存的リスク受容が高かったのに対して，事故当該地域では男性のほうが他者依存的リスク受容が高いことを意味している。一般に女性のほうがリスクを回避する傾向があることから，他者依存的なリスク受容態度は女性において低くなることが予想される。とする

と原発立地地域ではそのような傾向が逆転していることになる。この理由について，ここでは十分な考察が難しく，今後の課題と言えそうである。

自立的リスク嫌悪

　全体では性別（.12）と正の相関が，また政治的態度（－.15）と負の相関が認められる。自立的リスク嫌悪が，主体的にリスクを回避しようとする態度を表した因子であることを考えると，政治的に革新的な者や女性がこうした態度を示しやすいという点は納得のいく結果である。

　都市部地域も日本全体とほぼ同じ結果を示しており，性別（.12），政治的態度（－.15）との相関が見られ，有意だった。

　原発立地地域では自立的リスク嫌悪と政治的態度（－.16）とのあいだに有意な負の相関が見られたが，性別との相関は.02ときわめて小さな値であった。

　事故当該地域でも性別（.20），政治的態度（－.12）とのあいだに有意な相関が見られた。ただし事故当該地域ではこのほかに子どもの数（.15）と有意な正の相関が見られた。子どもの数が多い世帯ほど，リスク回避的な態度が強くなることをこの結果は意味している。

(4) 社会的価値観の分析

　社会的価値観を測定するために，ここでは19の質問項目を用いた。それぞれの質問項目に対して「強く賛成である」＝4点，「賛成である」＝3点，「反対である」＝2点，「強く反対である」＝1点と得点化した。まず因子分析の結果を先に示す。因子分析では固有値の減衰パターンなどから4因子解が妥当であると判断し，因子の解釈を試みた。表8.6はバリマックス回転後の因子負荷量を示している。

　第1因子に負荷量の高い項目として「政府や産業界は，科学技術のリスクに対応するための適切な決定をしていると信頼して良い」「私たちの世代の科学技術は，将来の世代にリスクを背負わせることになるかもしれないが，私は彼らがうまくのりきってくれると信じている」などがあげられる。全般に社会全体の進歩を求める価値観を重視しているが，求める進歩を楽観視している様子も読み取れる。そのため第1因子は「楽観的社会進歩観」因子と命名した。

第2因子に因子負荷量の高い項目として「科学技術の発達は自然を破壊している」「経済的成長を続ければ，結局汚染や天然資源の枯渇につながるだけだ」「もしこの国の人々が平等に扱われるなら，社会問題はもっと減るはずだ」「自分の食べ物を自分で育て，資源を節約するライフスタイルをとることによって自立し，自給自足しようとする人々を尊敬する」などがある。先の2項目は，経済や科学の発展が環境に悪影響を及ぼすと考える態度を反映している。3つめの項目は平等観を反映した項目である。4つめの項目は，自給自足を肯定する態度を反映している。全般に，質素な生活を求めることで，環境破壊の抑止や資源の確保ができると考える社会的態度と考えられ，「原始平等主義的社会観」と命名した。

第3因子に高い負荷量を示した項目を順にあげると「私たちは権利の平等を推し進めすぎてしまった」「死刑に賛成だ」「社会のことを心配しても仕方がない。どのみち私には何もできないのだから」「警察には，犯罪調査のために個人的な電話を聴く権利があっても良い」であった。個人の力の無力さ，権力の肯定などを反映した因子であると考えられることから「権威主義的社会観」因子と命名した。

第4因子に高い負荷を示した項目を順にあげると「権力者の地位にある人々は，彼らの力を乱用しがちだ」「権力者は，私たちに有害な事柄についての情報を差し止めることがしばしばある」「公平な社会システムでは，能力のある人々が収入を多く得て良い」「喫煙や登山，ハングライダーなど，人々が個人的に危険を冒す行為を規制する権利は政府にはない」など，権力の否定と個人主義の肯定を反映した因子であると考えられる。そこで第4因子を「個人主義的社会観」因子と命名した。

信頼性係数（α係数）を求めたところ，楽観的社会進歩観は.68，原始平等主義的社会観は.60，権威主義的社会観は.50，個人主義的社会観は.43だった。

社会的価値観に関する質問項目を，各因子を代表する項目順に並べ替え，3地域ごとの平均値を示したのが表8.7である。順に結果を概括する。

楽観的社会進歩観因子を代表する項目の3地域比較を見ると，全般に都市部地域よりも原発立地地域や事故当該地域などの原発関連地域で値が高い。とくに【政府や産業界は，科学技術のリスクに対応するための適切な決定をしてい

表8.6 社会的価値観の因子分析

	楽観的社会進歩観	原始平等主義的社会観	権威主義的社会観	個人主義的社会観
政府や産業界は，科学技術のリスクに対応するための適切な決定をしていると信頼して良い。	.673	−.130	.103	−.271
私たちの世代の科学技術は，将来の世代にリスクを負わせることになるかもしれないが，私は彼らがうまくのりきってくれると信じている。	.668	−.024	.006	.062
政府が決定したエネルギー源の選択を，一致団結して支持する必要がある。	.624	.189	.092	.033
経済成長の継続は，私たちの生活の質の向上に必要だ。	.580	−.023	.073	.264
高度技術社会は，私たちの健康増進と住みよい社会のために重要だ。	.539	−.082	−.027	.351
リスクが非常に小さいとき，社会がそのリスクを本人に同意なく個人に負わせてもかまわない。	.466	−.032	.295	−.177
科学技術の発達は自然を破壊している。	−.154	.679	.101	.136
経済的成長を続ければ，結局汚染や天然資源の枯渇につながるだけだ。	−.069	.673	.152	.040
もしこの国の人々が平等に扱われるなら，社会問題はもっと減るはずだ。	.278	.597	−.112	.175
自分の食べ物を自分で育て，資源を節約するライフスタイルをとることによって自立し，自給自足しようとする人々を尊敬する。	−.105	.537	.118	.141
この世界に必要なものは，もっと平等な富の分配だ。	.093	.510	−.110	−.104
私たちは権利の平等を推し進めすぎてしまった。	.045	.087	.711	.065
死刑に賛成だ。	−.050	−.093	.621	.255
社会のことを心配しても仕方がない。どのみち私には何もできないのだから。	.135	.119	.598	−.142
警察には，犯人調査のために個人的な電話を聴く権利があっても良い。	.140	.022	.566	.035
権力者の地位にある人々は，彼らの力を乱用しがちだ。	−.055	.231	−.072	.630
権力者は，私たちに有害な事柄についての情報を差し止めることがしばしばある。	.000	.250	−.041	.589
公平な社会システムでは，能力のある人々が収入を多く得て良い。	.225	−.183	.194	.516
喫煙や登山，ハングライダーなど，人々が個人的に危険を冒す行為を規制する権利は政府にはない。	.036	.021	.086	.428

表8.7 社会的価値観尺度の3地域比較

	事故当該地域 平均値	原発立地地域 平均値	都市部地域 平均値
〈楽観的社会進歩観〉			
高度技術社会は，私たちの健康増進と住みよい社会のために重要だ。	2.95	2.95	2.89
政府が決定したエネルギー源の選択を，一致団結して支持する必要がある。	2.32 b	2.24 ab	2.14 a
私たちの世代の科学技術は，将来の世代にリスクを負わせることになるかもしれないが，私は彼らがうまくのりきってくれると信じている。	2.55	2.47	2.48
政府や産業界は，科学技術のリスクに対応するための適切な決定をしていると信頼して良い。	2.06 b	2.11 b	1.95 a
リスクが非常に小さいとき，社会がそのリスクを本人に同意なく個人に負わせてもかまわない。	1.74	1.84	1.77
経済成長の継続は，私たちの生活の質の向上に必要だ。	2.81 b	2.74 ab	2.68 a
〈原始平等主義的社会観〉			
もしこの国の人々が平等に扱われるなら，社会問題はもっと減るはずだ。	2.86 b	2.84 b	2.66 a
経済的成長を続ければ，結局汚染や天然資源の枯渇につながるだけだ。	2.87	2.88	2.82
自分の食べ物を自分で育て，資源を節約するライフスタイルをとることによって自立し，自給自足しようとする人々を尊敬する。	3.21 b	3.14 b	3.01 a
科学技術の発達は自然を破壊している。	2.86	2.91	2.79
この世界に必要なものは，もっと平等な富の分配だ。	2.75 b	2.72 b	2.49 a
〈権威主義的社会観〉			
死刑に賛成だ。	2.90	2.91	2.80
社会のことを心配しても仕方がない。どのみち私には何もできないのだから。	2.10 b	2.07 b	1.96 a
私たちは権利の平等を推し進めすぎてしまった。	2.46	2.45	2.37
警察には，犯人調査のために個人的な電話を聴く権利があっても良い。	2.07	2.11	2.07
〈個人主義的社会観〉			
権力者の地位にある人々は，彼らの力を乱用しがちだ。	3.05 b	3.17 ab	3.26 a
公平な社会システムでは，能力のある人々が収入を多く得て良い。	2.71 b	2.68 b	2.87 a
喫煙や登山，ハングライダーなど，人々が個人的に危険を冒す行為を規制する権利は政府にはない。	2.73	2.77	2.85
権力者は，私たちに有害な事柄についての情報を差し止めることがしばしばある。	2.94	2.96	3.03

注）同じアルファベットが記載されている地域どうしには統計的に有意な差はない。

ると信頼して良い】は都市部地域と原発関連2地域とのあいだに有意な差が見られた。また【政府が決定したエネルギー源の選択を，一致団結して支持する必要がある】【経済成長の継続は，私たちの生活の質の向上に必要だ】では，都市部地域と事故当該地域とのあいだに有意な差が見られた。このように楽観的社会進歩観は，都市部地域よりも原発に関連した地域でより強く意識される価値観であることが示された。

原始平等主義的社会観を3地域で比較すると，全般に都市部地域よりも原発立地地域や事故当該地域で値が高かった。とくに【もしこの国の人々が平等に扱われるなら，社会問題はもっと減るはずだ】【自分の食べ物を自分で育て，資源を節約するライフスタイルをとることによって自立し，自給自足しようとする人々を尊敬する】【この世界に必要なものは，もっと平等な富の分配だ】で，原発立地地域や事故当該地域が都市部地域よりも有意に値が高い。原始平等主義的社会観に代表されるような価値観は都市部よりもその周辺地域でその意識が高いと言える。

権威主義的社会観も先の2つの社会観と同様，原発立地地域，事故当該地域が都市部地域よりも高い値を示す傾向がある。ただし有意だったのは【社会のことを心配しても仕方がない。どのみち私には何もできないのだから】のみであった。この項目は個人の無力さを表していることから，原発立地地域や事故当該地域では社会改革への期待が弱く，個人の力ではどうしようもないという気持ちを強く意識していることを意味しているかもしれない。

先の3つの社会観因子とは反対に，個人主義的社会観では都市部地域のほうがほかの2地域よりも全般に値が高い。とくに【権力者の地位にある人々は，彼らの力を乱用しがちだ】では都市部地域が事故当該地域よりも有意に値が高く，また【公平な社会システムでは，能力のある人々が収入を多く得てよい】では都市部地域がほかの2地域よりも有意に値が高かった。このことから個人主義的社会観は，原発関連地域などの周辺地域よりも都市部地域でその意識が強いことが示された。

(5) 社会的態度と個人属性との関連

ここでは社会的態度の各因子に該当する項目を足しあげ，因子を代表する指

表 8.8 社会的価値観の各因子と属性との相関

楽観的社会進歩観	事故当該地域	原発立地地域	都市部地域	日本全体
年齢	.17 ***	.21 ***	.24 ***	.24
子どもの数	−.07	−.03	−.07	−.07
学歴	−.08	−.13 *	−.12 **	−.13
政治的態度（保守性）	.25 ***	.22 ***	.17 ***	.17
収入	−.08	.00	.03	.03
性別（男 =1, 女 =2）	−.17 ***	−.06	−.08	−.08
原始平等主義的社会観	事故当該地域	原発立地地域	都市部地域	日本全体
年齢	−.05	−.03	.00	.00
子どもの数	−.02	.06	−.04	−.03
学歴	−.13 *	−.12	−.21 ***	−.21
政治的態度（保守性）	−.04	−.23 ***	−.16 ***	−.16
収入	−.15 **	−.13 *	−.25 ***	−.25
性別（男 =1, 女 =2）	.07	.16 *	.15 **	.15
権威主義的社会観	事故当該地域	原発立地地域	都市部地域	日本全体
年齢	.00	.14 *	.07	.07
子どもの数	−.06	.03	−.03	−.03
学歴	−.09	−.15 *	−.13 **	−.13
政治的態度（保守性）	.22 ***	.10	.16 ***	.16
収入	−.16 **	−.02	.05	.05
性別（男 =1, 女 =2）	−.11 *	−.12	−.09 *	−.09
個人主義的社会観	事故当該地域	原発立地地域	都市部地域	日本全体
年齢	−.34 ***	−.19 **	−.18 ***	−.19
子どもの数	.10 *	.00	−.03	−.03
学歴	.18 ***	.10	.07	.08
政治的態度（保守性）	−.10 *	−.10	−.09	−.09
収入	.08	.10	−.07	−.06
性別（男 =1, 女 =2）	.02 ***	.08	.06	.06

* $p<.05$, ** $p<.01$, *** $p<.001$
注）日本全体は3種のサンプルの人口に応じたウェイトによる重み付けデータを使用。

標を算出し，3地域別に個人属性との相関を示す（表8.8）。取り上げた個人属性は「年齢」「子どもの数」「学歴」「政治的態度」「収入」「性別」である。

楽観的社会進歩観

　日本全体を見ると，年齢（.24）や政治的態度（保守性）（.17）とのあいだに正の相関が見られた。また学歴とのあいだには負の相関が見られた。都市部地域や原発立地地域でも同様の相関が認められており，値は有意である。事故当該地域では年齢（.17），政治的態度（.25）は楽観的社会進歩観と有意な正の相

関を示しているが，学歴では有意な相関は認められなかった。その一方で事故当該地域では性別（−.17）とのあいだに有意な負の相関が認められた。このことは男性ほど楽観的社会進歩観を強く示すことを意味している。ここで測定している楽観的社会進歩観とは，科学技術などの進歩に対する政府主導の変革を楽観的に受け入れる態度が含まれており，科学技術の進歩については一般的に男性のほうが肯定的であると考えられる。しかし有意な相関を示したのが事故当該地域のみであったことは興味深い。地域ごとの性差の違いがどのような背景から生じるのかを見極めることは非常に難しいが，地域によって楽観的社会進歩観に対する性差があるということをここで指摘しておく。

原始平等主義的社会観

　全体を見ると，学歴（−.21），収入（−.25），政治的態度（−.16）とのあいだに負の相関が見られた。また性別（.15）とは正の相関が見られた。3地域別に見ると，都市部地域は学歴（−.21），政治的態度（−.16），収入（−.25），性別（.15）において有意な相関が見られ，これは全体での相関の傾向と類似している。原発立地地域では学歴（−.12）との相関が低く，有意ではなかったが，政治的態度（−.23），収入（−.13）では有意な負の相関が，また性別（.16）では有意な正の相関が認められた。事故当該地域では学歴（−.13）と収入（−.15）が有意な負の相関を示した。原始平等主義的社会観は，質素な生活と平等意識で構成された態度次元であり，低学歴者，低収入者において強く意識される価値観であるということがこの結果から考えられる。

権威主義的社会観

　全体では政治的態度（保守性）（.16）と正の相関が，また学歴（−.13）と負の相関が認められる。都市部地域では政治的態度（.16）と有意な正の相関，学歴（−.13）と有意な負の相関，が見られた。また性別（−.09）とは値が小さいながらも有意な負の相関が見られた。政治的態度については権威主義的価値観の強いものほど保守的であることを，学歴については高学歴者ほど権威主義的社会観が低いことを，また性別については男性のほうが権威主義的社会観が高いことを意味している。原発立地地域では学歴（−.15）とのあいだに有

意な負の相関が見られたが，政治的態度，性別では有意な相関は認められなかった。年齢（.14）とは有意な正の相関が見られた。事故当該地域では政治的態度（.22）と有意な正の相関が，収入（−.16）と有意な負の相関が，また性別（−.11）と有意な負の相関が見られた。学歴と権威主義的社会観に負の相関が見られたことに違和感をもつ読者もいるかもしれない。しかし，ここで取り上げている権威主義的社会観とは，権威主義を肯定する社会観ではなく，政府などの権力，権威の前では個人は無力であるということを肯定する社会的態度である。高学歴者ほど，こうした無力感を認めず，社会的関心を高めることが予想される。そのため高学歴者ほど権威主義的社会観が低くなったのではないかと予想される。また政治的に保守的であるほど権威主義的社会観が高いことが示されている。本調査のデータをもとに，支持政党別に政治的態度の平均値（値が大きいほど保守的）を求めると，自由民主党（4.74），自由党（4.39）支持者は保守的，公明党（3.70），民主党（3.64），社会民主党（3.50），共産党（3.09）支持者はそれに比べて革新的であった。権威主義的社会観と政治的態度の関連は，支持政党との関連を見据える必要があり，とくに権威主義的社会観の強い保守派の回答者は，自由民主党や，そこから分派した自由党の支持層が多い。

個人主義的社会観

　全体では年齢（−.19）と負の相関を示していることが特徴的である。テレビやマスコミなどでも若年層の個人主義化が指摘されているが，本調査からも同様の知見が得られたことになる。3地域別に見ると都市部地域，原発立地地域ともに年齢と有意な負の相関を示している。一方事故当該地域では相関の方向性に大きな差異はないものの，例えば子どもの人数（.10）と有意な正の相関，学歴（.18）と有意な正の相関，また政治的態度（−.10）と有意な負の相関が認められるなど，有意な値に達したものがほかの地域よりも多かった。

(6) 一般的リスク認知

　日常一般的にリスクの可能性があるとされる合計19の危険因子を取り上げ，それらが日本人全体の健康にどれだけ危険性があるかどうかを「ほとんどない」

表8.9 一般的なリスク因子に対する認知の国内3地域（事故当該地域，原発立地地域，都市部地域）比較

	事故当該地域 平均値	原発立地地域 平均値	都市部地域 平均値
日常生活で受けるラドン被曝	1.86	1.92	1.96
医療用X線	1.98	1.94	1.95
環境の化学汚染	3.11 b	3.12 b	3.33 a
食物中の残留農薬	2.86 b	2.84 b	3.00 a
喫煙	3.08	3.03	3.14
食物中のバクテリア	2.22	2.18	2.19
アルコール飲料	2.16	2.17	2.08
バクテリアを用いた農作物の遺伝子操作	2.78	2.67	2.64
自動車事故	3.20	3.16	3.14
オゾン層破壊	3.44 b	3.36 ab	3.51 a
外気の質	3.00 b	2.95 b	3.12 a
気候の変化（地球温暖化／温室効果）	3.16	3.08	3.20
食物保存のための放射線照射	2.75 b	2.83 ab	2.95 a
日焼け	2.45	2.53	2.56
ストレス	2.99	3.05	3.11
テレビのブラウン管	1.91	1.98	1.96
暴風雨や洪水	2.70	2.74	2.69
航空機による旅行	2.08 b	2.19 b	1.96 a
輸血	2.62	2.60	2.60

注1）値が大きいほどリスクが高いと認知。
注2）同じアルファベットが記載されている地域どうしには統計的に有意な差はない。

「若干ある」「ある程度ある」「高い」の4件法で回答を求め，リスク認知の得点とした。表8.9は3地域ごとにリスク認知の平均値を算出したものである。

表中にアルファベットのついているリスクは，3地域（都市部地域，原発立地地域，事故当該地域）間でのリスク認知の値に統計的に有意な差があったものである。今回取り上げた19のリスクのなかで，有意な差が見られたのは「環境の化学汚染」「食物中の残留農薬」「オゾン層破壊」「外気の質」「食物保存のための放射線照射」「航空機による旅行」であった。このうち航空機による旅行以外は，すべて都市部地域の値が最も高く，都市部地域ではリスクに対する敏感さが地方よりも高いということが今回の結果から言えるだろう。

つぎにこれら19の項目について因子分析を行った。固有値の減衰パターンなどを考慮し，最終的に1因子が妥当であると判断した。表8.10は一般的リスク認知項目の因子負荷量を示している。信頼性係数（α係数）は0.86と高い値を示していた。このことから一般的リスク認知を測定している19の危険因子

150　8　原子力に対する世論の構造を探る

表8.10　一般的リスク認知の因子分析

項　目	負荷量
日焼け	.64
外気の質	.63
食物中の残留農薬	.61
食物保存のための放射線照射	.60
環境の化学汚染	.58
テレビのブラウン管	.58
気候の変化（地球温暖化/温室効果）	.57
医療用X線	.54
食物中のバクテリア	.53
オゾン層破壊	.52
バクテリアを用いた農作物の遺伝子操作	.51
ストレス	.49
日常生活で受けるラドン被曝	.49
喫煙	.48
アルコール飲料	.47
航空機による旅行	.44
輸血	.43
自動車事故	.39
暴風雨や洪水	.39

$\alpha=.86$

を各々の得点を単純加算した合成得点に換算し，一般的リスク認知という1つの概念と見なすことにした。一般的リスク認知得点が高いということは，それだけ日常一般的なリスクに対する危険性の認知が高いということを意味している。

(7) 一般的リスク認知と属性との関連

　表8.11は一般的リスク認知と回答者の基本属性との相関係数を示したものである。日本全体を見ると，性別と一般的リスク認知とのあいだに.16という相関が見られ，このことは女性のほうが男性よりも日常一般的なリスクを危険だと認知している傾向が強いことを意味している。3地域別に見ていくと，都市部地域でも性別（.16）との相関が有意だった。原発立地地域では子どもの数（.19）とのあいだに有意な正の相関が見られた。つまり子どもの数が多いほど，一般的リスク認知が高い。また政治的態度（-.32）とのあいだには有意な負の相関が認められた。このことは政治的に保守的な態度をもつ人ほど，一般的リスク認知が低いことを意味している。事故当該地域では年齢とのあい

表 8.11 一般的リスク認知と属性変数との相関

	事故当該地域	原発立地地域	都市部地域	日本全体
年齢	−.17 *	−.09	.04	.03
子どもの数	.10	.19 *	−.06	−.05
学歴	.07	−.02	−.08	−.08
政治的態度（保守性）	−.19 **	−.32 ***	−.08	−.08
収入	−.01	−.01	−.04	−.04
性別（男=1, 女=2）	.25 ***	.01 *	.16 ***	.16

*** $p<.001$, ** $p<.01$, * $p<.05$
注1) 日本全体は3種のサンプルの人口に応じたウェイトによる重み付けデータを使用。
注2) 政治的態度は値が大きいほど保守的。

だに負の相関が見られた。つまり年齢が高くなるほど一般的リスク認知が低くなっている。原発立地地域と同様，政治的態度とのあいだにも有意な負の相関が見られた。また性別とのあいだに有意な正の相関が見られた。

原発立地地域や事故当該地域で一般的リスク認知と政治的態度とのあいだに負の相関が認められた。これは我々をとりまく様々なリスクに敏感な者ほど政治的に革新的であることを意味している。現在日本全土で繰り広げられているダム建設，道路建設などの多くはいわゆる保守派政党のバックアップによるものであると考えられる。それに対して建設反対を唱えているのがいわゆる革新的な政策を唱える政党であり，建設反対の理由の多くが環境問題などに絡んでいることなどを合わせて考えると，リスクに敏感な者ほど政治的に革新的であるというこの結果は納得できる。都市部地域で政治的態度とのあいだに有意な相関が見られなかったのは，建設などに絡む環境汚染問題の該当地域ではないことなどが理由として考えられる。リスクに対する敏感さが政治的態度と関連をもつという今回の結果は興味深い。

4. 科学技術に対する態度の分析　　　　　　　　　　　（鈴木靖子）

本節では，まず初めに科学技術報道，科学技術に関する総理府世論調査の結果などを紹介する。それに続いて科学技術に対する態度の国内3地域（「事故当該地域」「原発立地地域」「都市部地域」）における違いを比較する。つぎに，科学技術に対する態度が原子力支持的態度やリスクに対する態度，社会的価値観などと，どのように関連しているのかを検討する。さらに，この態度が，年

齢や性別，政治的な姿勢などの個人属性とどのように関連しているかについても検討する。

(1) 科学技術についての従来の知見

井山・金森 (2000) は，科学に関する大衆イメージをサイエンス・イメージとして「黒い科学」と「白い科学」と表現している。「白い科学」は，科学の知識があればどんなことでもかなう，科学こそ真理に近づく最良の方法であるという特徴をもち，「黒い科学」の特徴は，科学は危険で非人間的であるとしている。さらに，これらの表現はあくまで社会のなかの大衆イメージなので，白い科学を正しい知識，黒い科学を誤解や歪曲とはし難いことに問題があり，ゆえに私たちに必要な視点は，黒くも白くもない「素顔の科学」を眺めることであると述べている。

また，技術論の考え方の1つに，技術を諸刃の刃にたとえた考え方がある（加藤，2001）。科学・技術はどんなに高度なものであっても道具であるゆえ，道具は善悪の両方に使うことができる「諸刃の刃」であり，その使い方次第で善にも悪にもなるというものである。つまり，ある技術の発達は人々の生活を豊かで便利なものにする一方で，多くの人やものを破壊する戦争兵器となり，あらたなリスクともなり得るのである。

科学イメージの表現や技術論の考え方からわかることは，科学技術に関する問題は，その事がらに対してプラスに働く面とマイナスに働く面とがあるということである。高度経済成長期の技術の発展はめざましく，経済の発展とともに人々は豊かで便利な暮らしを営むことができるようになった。しかし，それと同時に公害問題やエネルギー危機を引き起こし，近年地球規模の環境破壊が顕在化している。

このような現状において，科学技術はどうあることが望ましいのか，人々は科学技術をどのようにとらえているのかについて，科学技術報道と総理府世論調査から検討する。

科学技術関連報道の分析

2000年1月から12月までの1年間に朝日新聞朝夕刊が報道した科学技術関

4. 科学技術に対する態度の分析　153

図8.11　科学技術関連記事の月別報道件数（2000年）

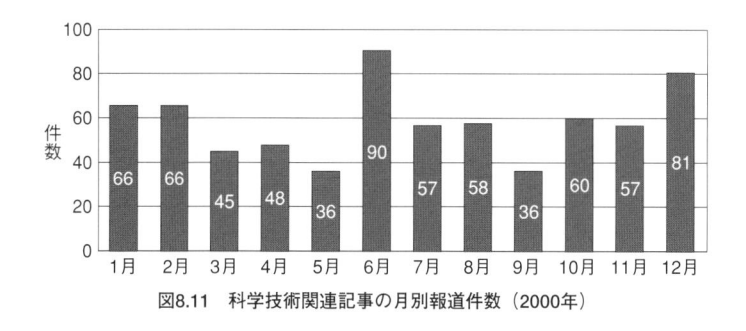

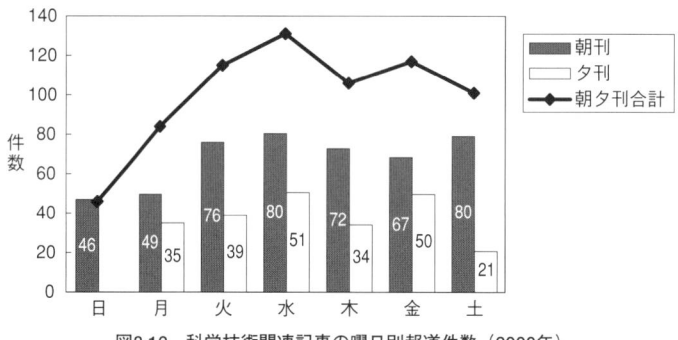

図8.12　科学技術関連記事の曜日別報道件数（2000年）

連の記事を選出するため，新聞記事検索データベース（Asahi Digital News Archives）を用いて，「科学技術」を検索キーワードとして記事検索を行った。「科学技術」という検索語を記事タイトルまたは本文中に含む記事は700件であった。これらの記事を科学技術関連記事としてここでの分析対象とした。図8.11は2000年1年間の科学技術関連記事の月別報道頻度，図8.12は同期間の科学技術関連記事の曜日別報道頻度を示している。

　科学技術関連記事の月別報道頻度を見ると，6月が90件，5月と9月が36件で，月によりいくらかのばらつきはあるが，科学技術関連の報道はおおむね1ヶ月に40件から60件行われていた。この結果を月の日数に換算すると，1日平均1～2件の科学技術関連記事が報道されていることになる。つぎに科学技術関連記事の曜日別報道頻度を見ると，水曜から土曜までの報道件数は朝刊が70件から80件，夕刊が35件から50件であった。日曜と月曜の報道件数が少

154   8　原子力に対する世論の構造を探る

表 8.12　科学技術関連の新聞記事

本文中に「環境」を含む記事：179件

年月日	朝・夕刊	文字数	見出し
2000年 6月 2日	朝刊	173	「影響なし」政府が報告　沖縄の劣化ウラン弾薬きょう放置問題
2000年 7月 7日	朝刊	241	微量のラジウムを廃材から検出　川崎の工場
2000年10月31日	朝刊	2626	経済より住民の納得　北海道が高レベル放射性廃棄物処分巡り条例
2000年11月11日	朝刊	10056	実現目指し、廃棄物ゼロ　フォーラム「未来につなぐ循環型社会へ」
2000年11月29日	朝刊	1435	「もんじゅ」取引の影　福井空港拡張（見直せど…浪費列島はいま）
2000年12月 7日	夕刊	2089	環境選択による生き残り　黒田洋一郎（科学をよむ）

本文中に「医療」を含む記事：85件

年月日	朝・夕刊	文字数	見出し
2000年 2月 3日	朝刊	639	"臓器のモト"人の胚性幹細胞の研究容認　科学技術会議小委報告案
2000年 2月21日	夕刊	2485	人の万能細胞研究にゴーサイン　移植医療に変革どこまで
2000年 5月24日	夕刊	2447	核移植使い「卵子若返り」　クローン技術を不妊治療に応用
2000年 6月30日	朝刊	3807	ヒトゲノム、全体像ほぼ読みとり完了　ビジネス化へ戦略必要な日本
2000年12月 8日	夕刊	939	「遺伝子操作で人類小型化」　研究者1200人が21世紀を展望
2000年12月14日	朝刊	785	放射線線源埋め込み治療、前立せんがんに導入　厚生省、規則改正へ

本文中に「エネルギー」を含む記事：74件

年月日	朝・夕刊	文字数	見出し
2000年 3月22日	夕刊	958	生き延びたプルトニウム　運転再開には課題なお　もんじゅ判決
2000年 5月 2日	朝刊	641	中にセシウム137？　コンテナ放射線を調査　科技庁発表
2000年 6月23日	朝刊	1793	電力会社も「安くない」、特別会計は見直し必要　原子力政策に転機
2000年 7月28日	朝刊	609	電子"素通り"　直径0.6ナノメートルの超極細チューブつくる
2000年10月 2日	朝刊	3244	一からわかる原子力安全体制

本文中に「宇宙」を含む記事：68件

年月日	朝・夕刊	文字数	見出し
2000年 2月 8日	夕刊	232	4年後、空へ行く船　日本版シャトル、新型模型で実験中
2000年 2月11日	朝刊	2021	宇宙開発の見直し検討　H2に続きM5ロケットも失敗
2000年 8月 1日	朝刊	644	"見てくれ"より性能　航技研が新型旅客機研究へ
2000年 9月26日	朝刊	604	H2A1号機、衛星載せず「から打ち」　宇宙開発委員部会が検討
2000年11月14日	朝刊	591	宇宙ステーション実験棟、商用・文系にも門戸　政府報告書案

本文中に「情報 通信」を含む記事：52件

年月日	朝・夕刊	文字数	見出し
2000年 1月27日	朝刊	3296	省庁に穴、ハッカー天国　侵入が簡単　ホームページ不正書き換え
2000年 3月11日	夕刊	3727	ロボットがやってくる　21世紀の「メード・イン・ジャパン」
2000年 8月24日	朝刊	363	情報格差解消へネット衛星構想　科学技術庁など2005年に
2000年12月22日	夕刊	2555	Y2K・愛の迷惑メール…　ITの時代、変化は加速　eこの1年

本文中に「海洋」を含む記事：24件

年月日	朝・夕刊	文字数	見出し
2000年 4月28日	夕刊	1392	「へその緒」付けて初潜水　自力航行の無人潜水機「うらしま」完成
2000年 6月25日	朝刊	3688	海洋深層水　深海の水、効用あらたか　地域振興を狙いブーム
2000年 7月 7日	朝刊	283	海の下10キロ、ひっそり富士山級海山　高知・室戸沖で確認
2000年 8月12日	朝刊	7722	海洋新世紀フォーラム「未知なる海―北極海の真実」

ない理由として，日曜日は朝刊のみの発行となっていること，月曜については1ヶ月に一度新聞休刊日があることなどが考えられる。これらの結果から，1年を通してとくに月や曜日に無関係に，一定して科学技術関連の報道が行われていることが読みとれる。

さらに科学技術関連記事は科学技術のどの分野に関する内容をどの程度報道しているのかを知るため，記事の本文中の語句に焦点を当てて内容分析を行った。科学技術白書では，科学技術の分野について「地球環境問題」「生命に関する科学・医療技術」「エネルギー問題」「宇宙開発」「情報・通信技術」「新しい物質や材料の開発」「海洋開発」の7つに分類したものを用いている。この分類にならい，科学技術関連記事について，本文中に「環境」「医療」「エネルギー」「宇宙」「情報 通信」「海洋」の語句を含む記事を検索した。それぞれの語句を含む記事数と代表的な記事見出しを表8.12に示す。

この結果を見ると，本文中に「環境」を含む記事が179件，ついで「医療」を含む記事が85件，「エネルギー」を含む記事数は74件であり，「宇宙」「情報 通信」「海洋」と続いていた。このことから，科学技術関連記事のなかで，環境，医療，エネルギーに関する内容の記事が比較的多く報道されていることがわかる。一般的なマス・メディア報道の考え方として，ある問題について，マス・メディアの報道量が多いと，マス・メディアの受け手である人々はその問題を重要であると認識する傾向がある。また，マス・メディアが報道する内容は，送り手であるマス・メディアが意図した内容であると同時に，受け手である一般の人々が多くの関心をもっている内容でもある。環境や医療，エネルギーに関する記事が多く報道されたことは，多くの人がこの環境，医療，エネルギーなどの問題に関心をもっていることが推測できる。

総理府世論調査

総理府が平成10年10月に実施した「将来の科学技術に関する世論調査」の結果から，国民が科学技術をどのようにとらえているのかを知ることができる。

国民の科学技術に対する評価と期待として，科学技術が向上させたものは何かという質問では，物の豊かさや個人の生活の楽しみを高く評価する回答が見

出されている。将来の科学技術が果たす役割として重要であると期待するのは何かという質問で8割以上が重要であると回答したのは、「安全性の向上」及び「効率性の向上」であった。また科学技術の発達が今後どの分野で生かされるべきかを問う項目では、「地球環境や自然環境の保全」「エネルギーの開発や有効利用」「資源の開発やリサイクル」「廃棄物の処理・処分」などで5割以上の回答が見られた。

　つぎに、国民の科学技術に対する意識として、科学技術はプラス面、マイナス面のどちらが多いかという質問がある。平成10年の結果を見ると、プラス面の評価が57.7％であり、前回調査時（平成7年）の51.1％を上回っている一方で、マイナス面の評価も平成7年6.3％から平成10年10.7％と増えており、プラス面とマイナス面が同等と回答する比率が減少している。また、科学技術の発達につぎのような不安（「科学技術が細分化してわからなくなる」「科学技術の悪用・誤用が心配である」「進歩が速すぎてついていけない」の3項目）をもつことがあるかとの問いに対して、平成10年の結果は、すべての項目で8割以上が非常に、もしくはやや不安であると回答している。平成7年の結果を見ると、いずれの項目でも不安であると回答した者が5割から7割程度であったことから、科学技術に否定的な印象をもつ人が増えていることを示している。国民が研究者の話を聞きたいと考えているのは科学技術のどの分野であるかとの問いでは、「地球環境問題（63.0％）」「生命に関する科学技術や医療技術（57.0％）」「エネルギー問題（41.1％）」などが上位にあがっており、以下宇宙開発、情報・通信技術、海洋開発などが続いている。これらの結果をまとめると、科学技術に対する世論とは、科学技術の進歩の速さや科学技術の悪用に不安をもちつつも、豊かで楽しみのある生活を科学技術の貢献によるものととらえている。また、今後は地球環境への配慮やエネルギー問題が重要であり、これらの問題に科学技術が貢献するのを期待している。

　科学技術関連の新聞報道の分析結果と総理府世論調査の結果から、多くの人々は環境問題、医療技術、エネルギー問題について関心をもち、これらを重要な問題であるととらえていると思われる。今後の科学技術は次世代の人々のために生かされることが望ましく、地球環境の問題やエネルギー問題の対処などに必要とされていると推測できるであろう。

次項では，科学技術に対する考え方や行動にはどのような類似性があるのか，居住地域による違いはあるのか，またそれは，原子力やリスクに対する態度とどのように関連するのかということについて，本調査の結果から検討する。

(2) 3地域別に見る科学技術に対する態度

本調査では，科学，科学技術に関連した態度を測る質問項目を4項目用意した。具体的には「高度技術社会は，私たちの健康増進と住みよい社会のために重要だ」（以下，【高度な科学技術の重要度】），「科学技術の発達は自然を破壊している」（以下，【科学を自然の脅威と見る程度】），「私たちの世代の科学技術は，将来の世代にリスク（危険性）を負わせることになるかもしれないが，私は彼らがうまくのりきってくれると信じている」（以下，【科学技術の信頼度】），「政府や産業界は，科学技術のリスク（危険性）に対応するための適切な決定をしていると信頼して良い」（以下，【政府が科学技術を利用することへの信頼度】）の4項目である。今回の調査ではこの4項目を科学技術に対する態度を測定する項目とみなし，これらの項目について，「強く賛成」「賛成」「反対」「強く反対」の4件法で回答を求めた。その回答を「強く賛成」＝4点，「賛成」＝3点，「反対」＝2点，「強く反対」＝1点と得点化して分析を行った。

これら科学技術に対する態度項目の3地域ごとの平均値を図8.13から図8.16に示す。一元配置分散分析より得られた検定結果とともに，順に結果を述べる。棒グラフ中のアルファベットが異なる場合は，そのあいだに統計的に有意な差が見られたことを示している。

【政府が科学技術を利用することへの信頼度】について，3地域別に平均値を図示したものが図8.13である。

図を見ると，原発立地地域や事故当該地域などの原発関連地域が都市部地域よりも政府が科学技術を利用することへの信頼度の意識が高いことがわかる。分散分析の結果，都市部地域（1.95）よりも原発立地地域（2.11）や事故当該地域（2.06）の方が値が有意に高かった（$F = 4.8$　$p < .001$）。この結果の理由として，原子力関連施設による影響が直接的であるか否かによる違いがあげられる。すなわち，原発関連地域では原子力施設内で問題や事故が生じた場合，施設周辺の住民の生活や健康に及ぼす影響は直接的となり得る。そのため，原

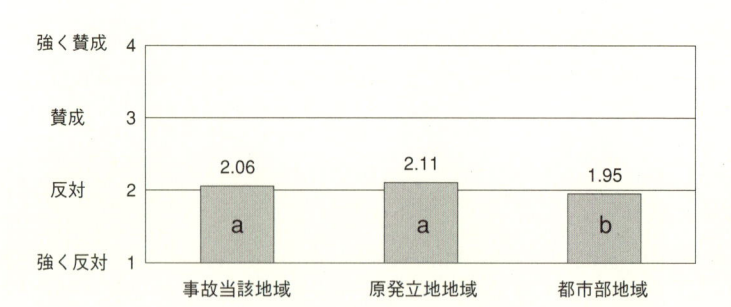

158　8　原子力に対する世論の構造を探る

図8.13　政府や産業界は，科学技術のリスクに対応するための適切な決定をしていると信頼して良い【政府が科学技術を利用することへの信頼度】

発関連地域では，原子力施設や政府に対して，科学技術を利用することへの信頼意識が高まる一方，原子力施設による影響が非直接的となる都市部地域では，原発関連地域ほどその意識が形成されにくいと考えられる。

【高度な科学技術の重要度】の3地域における平均値を示したのが図8.14である。

3地域の平均値はそれぞれ，事故当該地域（2.95），原発立地地域（2.95），都市部地域（2.89）であった。分散分析の結果，3地域による有意な差は見られなかった（$F = 1.04\ n.s.$）。

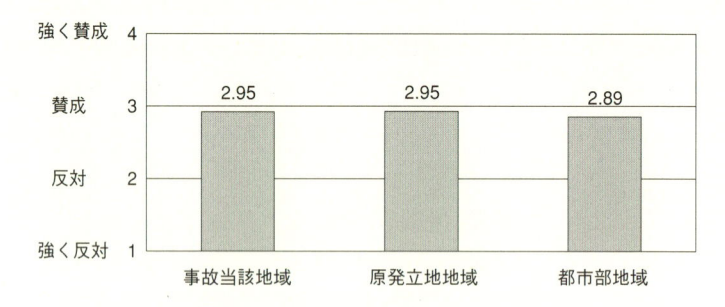

図8.14　高度技術社会は，私たちの健康増進と住みよい社会のために重要だ【高度な科学技術の重要度】

3地域別に【科学を自然の脅威と見る程度】の平均値を算出したのが図8.15である。

3地域の平均値はそれぞれ，事故当該地域（2.86），原発立地地域（2.91），都市部地域（2.79）であった。分散分析の結果，3地域による有意な差は認められなかった（$F = 2.88\ n.s.$）。

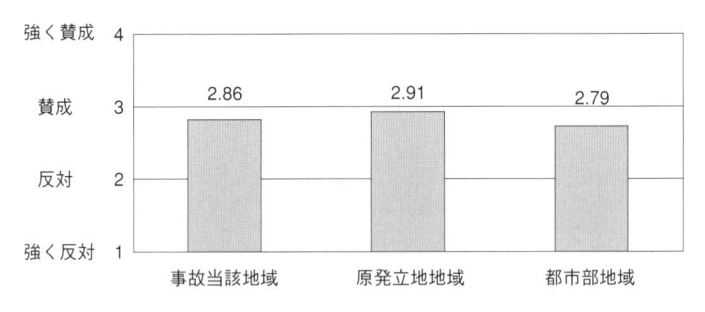

図8.15　科学技術の発達は自然を破壊している
【科学を自然の脅威と見る程度】

【科学技術の信頼度】の3地域別の平均値を図8.16に示す。

3地域の平均値はそれぞれ，事故当該地域（2.55），原発立地地域（2.47），都市部地域（2.48）であった。分散分析の結果，3地域による有意な差は認められなかった（$F = 1.22\ n.s.$）。

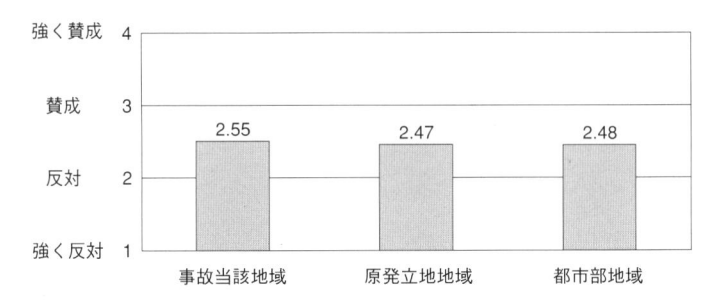

図8.16　私たちの世代の科学技術は，将来の世代にリスクを負わせることになるかもしれないが，私は彼らがうまくのりきってくれると信じている
【科学技術の信頼度】

科学技術に対する態度の地域差は，政府が科学技術を利用することへの信頼度においてのみ，原発関連地域が有意に高い結果であった。この理由として，地域による原子力関連施設の影響の違いがあげられることは先に述べたが，ま

た，地域による回答者の立場の違いによる解釈も可能と考える。原発関連地域では，原子力に関係した仕事に従事する住民が多く，また直接原子力に関係していなくても，この施設が存在することで仕事が成立し，生計を立てている者も少なくない。このような立場にある場合，原子力施設や政府に対して肯定的な回答になりやすい傾向がある。つまり，原発関連地域の住民が科学技術に否定的であったとしても，原子力に関連した仕事に従事するという立場を続ける以上，科学技術を否定する態度と原子力関連の仕事をする行動のあいだに矛盾が生じ，心理的な不快感（認知的不協和）を生む。そこで，この不快感を軽減するために原発関連地域では科学技術への否定の度合が低くなり，結果として都市部地域の回答が最も否定的であったとも考えられる。

(3) 科学技術に対する態度と諸因子との関連

科学技術に対する態度と諸因子との関連を検討する。初めに，原子力支持的態度（第8章1節参照）と科学技術に対する態度との関連を検討し，つぎに，リスクに対する態度と科学技術，さらに価値観と科学技術との関連について，結果を述べる。

科学技術に対する態度と原子力支持的態度との関連

原子力支持的態度とは，将来的なエネルギーとして原子力発電が必要であるとし，原子力発電所の建設を肯定する態度である。この態度と科学技術に対する態度との関連を調べるために相関分析を行った（表8.13）。表中には，3地域（事故当該地域，原発立地地域，都市部地域）ごとに算出した相関係数と，これら3地域にウェイトをかけたデータ（日本全体）から算出した相関係数の

表8.13 科学技術に対する態度と原子力支持的態度との相関

	事故当該地域	原発立地地域	都市部地域	日本全体
高度な科学技術の重要度	.287 ***	.315 ***	.344 ***	.343
科学を自然の脅威と見る程度	−.261 ***	−.419 ***	−.213 ***	−.216
科学技術の信頼度	.437 ***	.471 ***	.375 ***	.377
政府が科学技術を利用することへの信頼度	.492 ***	.488 ***	.474 ***	.475

*** $p<.001$, ** $p<.01$, * $p<.05$
注）日本全体は重み付けデータを使用。

結果を記述している。日本全体の相関係数については，ウェイトをかけた場合に生じる第2種の過誤の問題を考慮し，結果の有意性の詳細には言及しない。地域ごとに算出した相関係数については，検定結果とともに記述する。

日本全体の結果を見ると，原子力支持的態度と政府が科学技術を利用することへの信頼度（.475），科学技術の信頼度（.377），高度な科学技術の重要度（.343）とのあいだに正の相関が見られ，科学を自然の脅威と見る程度（−.216）とのあいだには負の相関が見られた。

都市部地域では，日本全体とおおむね同じ結果を示しており，原子力支持的態度と政府が科学技術を利用することへの信頼度（.474），科学技術の信頼度（.375），高度な科学技術の重要度（.344）とのあいだに有意な正の相関が見られ，科学を自然の脅威と見る程度（−.213）とのあいだには有意な負の相関が見られた。

原発立地地域も，原子力支持的態度と政府が科学技術を利用することへの信頼度（.488），科学技術の信頼度（.471），高度な科学技術の重要度（.315）とのあいだに有意な正の相関が見られ，科学を自然の脅威と見る程度（−.419）とのあいだには有意な負の相関が見られた。また，原発立地地域では，科学を自然の脅威と見る程度と原子力支持的態度との相関が，都市部地域や事故当該地域より強い。ただし，関連の傾向は3地域で共通して負の相関となっている。

事故当該地域でも都市部地域や原発立地地域と同様，原子力支持的態度と政府が科学技術を利用することへの信頼度（.492），科学技術の信頼度（.437），高度な科学技術の重要度（.287）とのあいだに有意な正の相関が見られ，科学を自然の脅威と見る程度（−.261）とのあいだには有意な負の相関が見られた。

これらの結果から，科学技術に対する態度と原子力支持的態度は強く結びついていることが指摘できる。すなわち，政府が科学技術を利用することを信頼し，高度な科学技術を重要と考え，科学技術の信頼度が高く，科学を自然の脅威と認識する程度が低いほど，原子力に対して支持的な態度をとる傾向が強いことを意味している。原子力発電が科学技術の応用により生まれたものの代表の1つとして考えられているとすると，科学技術に対する肯定的な態度が原子力発電を支持することにつながるという点は納得できる結果である。

科学技術に対する態度とリスクに対する態度との関連

リスクに対する態度とは，つぎにあげる3つの態度である。産業や生活におけるリスクは政府や専門家にまかせるのが良いとする態度（他者依存的リスク受容），環境や生活におけるリスクがないことが望ましいとし，自らリスクを回避しようとする態度（自立的リスク嫌悪），食物保存のための放射線照射や環境の化学汚染，農作物の遺伝子操作，地球温暖化，輸血，アルコール飲料，喫煙など広範囲にわたるリスク項目について健康へのリスクが高いとする態度（一般的リスク認知）である（詳細な説明は第8章3節を参照）。これらの態度と科学技術に対する態度との相関を示したものが表8.14である。ここでも国内3地域とウェイトをかけた日本全体の相関係数を算出しているが，先に述べた科学技術に対する態度と原子力支持的態度との関連と同様の理由により，日本全体の相関係数の有意性は扱わない。

表8.14 科学技術に対する態度とリスクに対する態度との相関

他者依存的リスク受容	事故当該地域	原発立地地域	都市部地域	日本全体
高度な科学技術の重要度	.314 ***	.223 ***	.334 ***	.333
科学を自然の脅威と見る程度	−.083	−.134 *	−.075	−.076
科学技術の信頼度	.339 ***	.442 ***	.355 ***	.357
政府が科学技術を利用することへの信頼度	.394 ***	.468 ***	.465 ***	.465
自立的リスク嫌悪	事故当該地域	原発立地地域	都市部地域	日本全体
高度な科学技術の重要度	−.114 *	−.105	−.140 **	−.138
科学を自然の脅威と見る程度	.207 ***	.399 ***	.258 ***	.261
科学技術の信頼度	−.195 ***	−.278 ***	−.170 ***	−.172
政府が科学技術を利用することへの信頼度	−.255 ***	−.314 ***	−.205 ***	−.206
一般的リスク認知	事故当該地域	原発立地地域	都市部地域	日本全体
高度な科学技術の重要度	−.123 *	−.149 *	−.165 ***	−.164
科学を自然の脅威と見る程度	.207 ***	.217 **	.175 ***	.176
科学技術の信頼度	−.231 ***	−.179 **	−.214 ***	−.213
政府が科学技術を利用することへの信頼度	−.252 ***	−.241 ***	−.150 **	−.152

*** $p<.001$, ** $p<.01$, * $p<.05$
注）日本全体は重み付けデータを使用。

日本全体の結果を見ると，他者依存的リスク受容では，政府が科学技術を利用することへの信頼度（.465），科学技術の信頼度（.357），高度な科学技術の重要度（.333）とのあいだに正の相関が見られ，科学を自然の脅威と見る程度（−.076）とのあいだには負の相関が見られた。この結果より，政府が科学技

術を利用することへの信頼度や高度技術の重要度が高いほど，生活をするうえである程度のリスクは受け入れる傾向があることがわかる。

原発立地地域も日本全体と同様に，政府が科学技術を利用することへの信頼度（.468），科学技術の信頼度（.442），高度な科学技術の重要度（.223）とのあいだに有意な正の相関が見られ，科学を自然の脅威と見る程度（−.134）とのあいだには有意な負の相関が見られた。

都市部地域では，政府が科学技術を利用することへの信頼度（.465），科学技術の信頼度（.355），高度な科学技術の重要度（.334）とのあいだに有意な正の相関が見られ，科学を自然の脅威と見る程度では有意な相関は認められなかった。

事故当該地域では，都市部地域と同様に政府が科学技術を利用することへの信頼度（.394），科学技術の信頼度（.339），高度な科学技術の重要度（.314）とのあいだに有意な正の相関が見られ，科学を自然の脅威と見る程度では有意な相関は認められなかった。

自然を科学の脅威と見る程度と他者依存的リスク受容との関連を見ると，原発立地地域においてのみ有意な負の相関を示している。この結果は，地域により自然を脅威と見る程度と他者依存的リスク受容の程度との結びつきに差があることを示している。原発立地地域では科学は自然を破壊すると認識する傾向が弱いほど，生活をするうえである程度のリスクは受け入れる傾向があることを意味している。全般的に，科学技術に対する信頼度や高度な科学技術の重要度，政府が科学を利用することへの信頼度と他者依存的リスク受容とが強く結びついていることをこれらの結果は示している。

つぎに自立的リスク嫌悪との相関を見ると，日本全体では政府が科学技術を利用することへの信頼度（−.206），科学技術の信頼度（−.172），高度な科学技術の重要度（−.138）とのあいだに負の相関が見られ，科学を自然の脅威と見る程度（.261）とのあいだには正の相関が見られた。

都市部地域と事故当該地域でも日本全体と同様の相関が認められており，値は有意であった。

原発立地地域では，自立的リスク嫌悪と政府が科学技術を利用することへの信頼度（−.314），科学技術の信頼度（−.278）とのあいだに有意な負の相関が

見られ，科学を自然の脅威と見る程度（.399）とのあいだには有意な正の相関が見られた。高度な科学技術の重要度では有意な相関は認められなかった。

これらの結果は，政府が科学技術を利用することへの信頼度が低く，高度な科学技術が必ずしも重要ではなく，科学技術への信頼が薄く，科学を自然の脅威として認識するほど，リスクを回避する態度が強くなることを意味している。

一般的リスク認知と科学技術に対する態度との相関では，日本全体の結果は，科学技術の信頼度（−.213），高度な科学技術の重要度（−.164），政府が科学技術を利用することへの信頼度（−.152）とのあいだに負の相関が見られ，科学を自然の脅威と見る程度（.176）とのあいだには正の相関が見られた。

都市部地域では，日本全体とおおむね同じ結果を示しており，一般的リスク認知と科学技術の信頼度（−.214），高度な科学技術の重要度（−.165），政府が科学技術を利用することへの信頼度（−.150）とのあいだに有意な負の相関が見られ，科学を自然の脅威と見る程度（.175）とのあいだには有意な正の相関が見られた。また，都市部地域では，政府が科学技術を利用することへの信頼度と一般的リスク認知との相関が，原発立地地域や事故当該地域より弱い。ただし，関連の傾向は3地域で共通して負の相関となっている。

原発立地地域も，政府が科学技術を利用することへの信頼度（−.241），科学技術の信頼度（−.179），高度な科学技術の重要度（−.149）とのあいだに有意な負の相関が見られ，科学を自然の脅威と見る程度（.217）とのあいだには有意な正の相関が見られた。

事故当該地域でも都市部地域や原発立地地域と同様，政府が科学技術を利用することへの信頼度（−.252），科学技術の信頼度（−.231），高度な科学技術の重要度（−.123）とのあいだに有意な負の相関が見られ，科学を自然の脅威と見る程度（.207）とのあいだには有意な正の相関が見られた。

全般的に，政府が科学技術を利用することを信頼し，科学を自然の脅威と見る程度が低く，高度な科学技術を重要と考え，科学技術への信頼が厚いほど，一般的なリスク認知が低いことをこれらの結果は示している。

リスク認識について，メルヴィン・クランツバーグ（Melvin Kranzberg, 1994）はアーロン・ウィルダフスキー（Aaron Wildavsky）の「リスクのない

ことは，すべてのなかで最も高いリスクである」を引用し，リスクに直面するのを拒否することは，我々の技術的進歩を凍結させるだけでなく，どのような方向での社会の成長をも阻害するものであると述べている。これは，本節の冒頭で紹介した科学のイメージや諸刃の刃の例に照らして考えると，科学技術の発展には必ずリスクがともない，そのプラスの側面の恩恵のみを受けることはできないとするものである。つまり，道具を使う以上その危険から逃れることはできず，危険を皆無にすることは一切の道具を使わないことを意味している。ゆえに，科学技術の発展にともなうリスクに適切に対処しつつ，恩恵を享受していくことが必要となる。

　科学技術に対する態度とリスクに対する態度の関連において，科学技術への信頼や，政府が科学技術を利用することへの信頼が高いことは，産業や生活におけるリスクは政府や専門家にまかせるのがよいとする態度と強く結びついている。一方で，高度な科学技術が必ずしも重要ではなく，科学を自然の脅威と認識することは，環境や生活におけるリスクがないことが望ましいとし自らリスクを回避しようとする態度，および広範囲にわたるリスク項目への敏感な態度と結びついている。科学技術が発展していくためにリスクを回避することは困難であり，ゆえにリスクに対して柔軟な対応が欠かせないとすると，これらの結果は納得のいくものと考える。

科学技術に対する態度と社会的価値観との関連
　ここで用いた社会的価値観とは，私たちは権利の平等を推し進めすぎてしまった，死刑に賛成だ，警察は犯罪捜査のために個人的な電話を聞く権利があるといった，権威や権力を肯定する価値観（権威主義的社会観）と，権力者の地位にある人々は自らの力を乱用しがちだ，登山やハングライダーなど，個人的に危険を冒す行為を規制する権利は政府にはないとする，国家権力よりも個人を尊重する価値観（個人主義的社会観）である。この2つの価値観と科学技術に対する態度との相関を表8.15に示す。なお，ここでも国内3地域とウェイトをかけた日本全体の相関係数を算出しているが，日本全体の相関係数の有意性は言及しない。

　科学技術に対する態度と権威主義的社会観との相関について日本全体の結果

表8.15 科学技術に対する態度と社会的価値観との相関

権威主義的社会観	事故当該地域	原発立地地域	都市部地域	日本全体
高度な科学技術の重要度	.151 **	.140 *	.165 ***	.164
科学を自然の脅威と見る程度	.027	−.111	.006	.005
科学技術の信頼度	.108 *	.262 ***	.145 **	.147
政府が科学技術を利用することへの信頼度	.188 ***	.249 ***	.165 ***	.167
個人主義的社会観	事故当該地域	原発立地地域	都市部地域	日本全体
高度な科学技術の重要度	.017	−.076	.018	.016
科学を自然の脅威と見る程度	.272 ***	.014	.165 ***	.163
科学技術の信頼度	−.020	−.017	−.003	−.004
政府が科学技術を利用することへの信頼度	−.096	−.206 **	−.268 ***	−.267

*** $p<.001$, ** $p<.01$, * $p<.05$
注）日本全体は重み付けデータを使用。

を見ると，政府が科学技術を利用することへの信頼度（.167），高度な科学技術の重要度（.164），科学技術の信頼度（.147）とのあいだに正の相関が見られた。

都市部地域では，日本全体とおおむね同じ結果を示しており，政府が科学技術を利用することへの信頼度（.165），高度な科学技術の重要度（.165），科学技術の信頼度（.145）とのあいだに有意な正の相関が見られた。科学を自然の脅威と見る程度とのあいだには有意な相関は認められなかった。

原発立地地域では，科学技術の信頼度（.262），政府が科学技術を利用することへの信頼度（.249），高度な科学技術の重要度（.140）とのあいだに有意な正の相関が見られ，科学を自然の脅威と見る程度とのあいだには有意な相関が認められなかった。

事故当該地域でも都市部地域や原発立地地域と同様，政府が科学技術を利用することへの信頼度（.188），高度な科学技術の重要度（.151），科学技術の信頼度（.108）とのあいだに有意な正の相関が見られた。

権威主義的社会観と高度な科学技術の重要度，科学技術の信頼度，政府が科学技術を利用することへの信頼度との関連を見ると，3地域いずれも正の相関を示している。この結果から，政府が科学技術を利用することへの信頼が高く，高度な科学技術を重要とし，科学技術の信頼度が高いほど，権威や権力を肯定する傾向があることがわかる。権威主義の特徴とは，社会の権威や伝統，上位者や強者に対して無批判に同調し服従することである。また，「World view」と称する価値観がリスクに対する態度と相関をもつことを示唆したデイク

(Dake, K., 1991) は，権威主義的な価値観をもつ人は，社会規範から逸脱することは危険だと認識する傾向があることを示している。ここでの権威主義的社会観は，権威や国家権力による政策を肯定する価値観であり，国家あるいは社会が，高度な科学技術を重要と考え政策を推進するならば，権威主義的な傾向をもつ人は，国家や社会が進めようとする政策に同意し遵守すると考える。ゆえに，政府が科学技術を利用することへの信頼度が高いのは，権威主義的な価値観をもつ人であるというこの結果は，権威主義の考え方がデイク (Dake, K.)の主張にもとづいたものと解釈できる。

つぎに，科学技術に対する態度と個人主義的社会観との相関について日本全体の結果を見ると，個人主義的社会観と政府が科学技術を利用することへの信頼度（−.267）とのあいだに負の相関，科学を自然の脅威と見る程度（.163）とのあいだに正の相関が見られた。

都市部地域では，日本全体での相関と同じ傾向を示しており，政府が科学技術を利用することへの信頼度（−.268）とのあいだに有意な負の相関，また科学を自然の脅威と見る程度（.165）とのあいだには有意な正の相関が見られた。この結果から，都市部地域では個人を尊重する者ほど政府が科学技術を利用することへの信頼が低く，科学技術の発展は自然破壊につながると考える傾向がある。

原発立地地域では，政府が科学技術を利用することへの信頼度（−.206）とのあいだに有意な負の相関が見られ，一方科学を自然の脅威と見る程度では有意な相関が認められなかった。このことから，原発立地地域では政府が科学技術を利用することへの信頼度が低いほど，個人主義的な社会観が高くなることを示している。

事故当該地域では，政府が科学技術を利用することへの信頼度（−.096）との相関が低く有意ではなかったが，科学を自然の脅威と見る程度（.272）とのあいだに有意な正の相関が見られた。事故当該地域では，科学を自然の脅威と見る程度と個人主義を尊重する傾向とが結びついている。

ここでの個人主義は，国家権力よりも個人のもつ信念を最優先する価値観である。個人主義的な傾向をもつ人は，国や自治体が社会にとって有益となる技術を推進したとしても，個人のもつ信念と合致するものでなければ，その技術

の受け入れを拒否するかもしれない。都市部地域や原発立地地域の結果で、政府が科学技術を利用することへの信頼度と個人主義的社会観との関連が負の相関となるのは、これらの理由によると考えられる。

(4) 科学技術に対する態度と属性変数との関連

ここからは、年齢や学歴、性別などの個人の属性と科学技術に対する態度がどのように関連するのかについて検討する。表8.16は属性変数と科学技術に対する態度について、国内3地域とウェイトをかけた日本全体の相関係数を算出した結果を示している。

表8.16 科学技術に対する態度と属性変数との相関

政治的保守傾向	事故当該地域	原発立地地域	都市部地域	日本全体
高度な科学技術の重要度	.075	.062	.083	.083
科学を自然の脅威と見る程度	−.001	−.097	−.155 ***	−.153
科学技術の信頼度	.145 **	.184 **	.083	.085
政府が科学技術を利用することへの信頼度	.213 ***	.240 ***	.190 ***	.192
年齢	事故当該地域	原発立地地域	都市部地域	日本全体
高度な科学技術の重要度	.083	.153 *	.108	.109
科学を自然の脅威と見る程度	−.110 *	−.057	−.040	−.040
科学技術の信頼度	.131 **	.077	.141 **	.140
政府が科学技術を利用することへの信頼度	.206 ***	.195 **	.198 ***	.199
学歴	事故当該地域	原発立地地域	都市部地域	日本全体
高度な科学技術の重要度	−.034	−.069	−.065	−.065
科学を自然の脅威と見る程度	.027	.002	−.114 *	−.113
科学技術の信頼度	−.054	−.094	−.040	−.041
政府が科学技術を利用することへの信頼度	−.023	−.113	−.108 *	−.109
性別	事故当該地域	原発立地地域	都市部地域	日本全体
高度な科学技術の重要度	−.135 **	−.103	−.075	−.076
科学を自然の脅威と見る程度	.053	.143 *	.064	.065
科学技術の信頼度	−.109 *	−.044	−.048	−.048
政府が科学技術を利用することへの信頼度	−.132 **	−.033	−.034	−.034
収入	事故当該地域	原発立地地域	都市部地域	日本全体
高度な科学技術の重要度	−.044	−.049	.039	.037
科学を自然の脅威と見る程度	.015	.034	−.175 ***	−.172
科学技術の信頼度	−.029	−.027	−.019	−.019
政府が科学技術を利用することへの信頼度	−.045	−.022	.022	.019

*** $p<.001$, ** $p<.01$, * $p<.05$
注)日本全体は重み付けデータを使用。

政治的保守傾向とは、政治的な姿勢について「革新的」「ある程度革新的」

「どちらかと言えば革新的」「どちらとも言えない」「どちらかと言えば保守的」「ある程度保守的」「保守的」のなかから回答者自身の考え方が最も近いものに回答を求めたものである。そこで得た回答を革新的＝1から保守的＝7と換算し保守－革新の程度を表したものである。したがって得点が高いほど保守傾向が強いことを意味している。

政治的保守傾向と科学技術に対する態度との相関について，日本全体の結果を見ると，政府が科学技術を利用することへの信頼度（.192），科学技術の信頼度（.085）とのあいだに正の相関が見られた。また，科学を自然の脅威と見る程度（－.153）とのあいだに負の相関が見られた。

都市部地域では，政治的保守傾向と政府が科学技術を利用することへの信頼度（.190）とのあいだに有意な正の相関が見られた。科学技術の信頼度（.083）との相関が低く有意ではなかったが，科学を自然の脅威と見る程度（－.155）とのあいだに有意な負の相関が見られた。

原発立地地域では，政府が科学技術を利用することへの信頼度（.240），科学技術の信頼度（.184）とのあいだに有意な正の相関が見られた。

事故当該地域でも，原発立地地域と同じ傾向が見られ，政府が科学技術を利用することへの信頼度（.213），科学技術の信頼度（.145）とのあいだに有意な正の相関が見られた。これらの結果から，原発立地地域，事故当該地域では，科学技術を信頼し，政府が科学技術を利用することへの信頼が高いほど，政治的に保守的な考え方をもつことがわかる。

これらの結果は政治心理学からつぎのように考えることができる。一般的に，政治における保守とは，資本主義体制を維持し，個人資産を認める立場とされている。一方，革新とは，資本主義体制や個人資産にある程度規制や統制を課す立場として理解されている。飽戸（1994）は，支持政党を決める最大の変数としてライフスタイルをあげている。ここでのライフスタイルとは，「人々の生き方のパターンであり，そのもとになっているものの見方，感じ方のパターン」と定義している。飽戸はライフスタイルの基本次元として，「主流－反主流」「積極－消極」の二次元を想定している。「主流」とは大局的な思考をもち，実現志向であるのに対し，「反主流」は局所的思考のもとにプロセスを重視するタイプである。保守あるいは主流が，自由競争を推進し，自己の設定した目

標の実現に向かって進むという観点から科学技術をとらえるとするならば，科学技術の発展による恩恵や効果を重要視するがゆえに科学技術に肯定的な態度をとることが容易に予測できる。同様に，革新あるいは反主流が，平等主義あるいは，プロセスを重視するという観点から科学技術をとらえるならば，技術発展の背後にある環境にも配慮をはかる必要があるとして，科学技術に対して一概に肯定的な考え方をもち得ないであろう。このように，科学技術に対して肯定的な態度を示す者は政治的に保守的傾向が強いという本調査の結果は，政治心理学的根拠にもとづいた解釈が可能だと言えるであろう。

年齢と科学技術に対する態度との相関について，日本全体の結果を見ると，年齢と政府が科学技術を利用することへの信頼度（.199），科学技術の信頼度（.140），高度な科学技術の重要度（.109）とのあいだに正の相関が見られた。また，科学を自然の脅威と見る程度とのあいだに負の相関（−.040）が見られた。

都市部地域では，年齢と政府が科学技術を利用することへの信頼度（.198），科学技術の信頼（.141）とのあいだに有意な正の相関が見られた。

原発立地地域では，年齢と政府が科学技術を利用することへの信頼度（.195），高度な科学技術の重要度（.153）とのあいだに有意な正の相関が見られた。

事故当該地域では，年齢と政府が科学技術を利用することへの信頼度（.206），科学技術の信頼（.131）とのあいだに有意な正の相関が見られた。

また，年齢と自然を科学の脅威と見る程度との関連を見ると，事故当該地域だけで有意な負の相関が見られた（−.110）。この結果は，地域により自然を脅威と見る程度に年齢差があることを示しており，事故当該地域では年齢が低いほど科学は自然を破壊すると考える傾向が強いことを意味している。

年齢が高いほど科学に対する態度が肯定的となることについて，その時代背景と関連づけて考えることができる。戦後の高度成長期を過ごしてきた人々とは，技術発展の変化とともに生活が豊かになることを実際に体験している世代であると考える。一方年齢が若くなるにつれ，生まれたとき，あるいは物心がついたときにはすでに不自由のない，快適な生活をおくることができるのが当然となっており，ゆえに，技術の発展による恩恵が希薄となるのではないだろうか。年齢の高い人々が，高度な科学技術を重要と考え，政府が科学技術を利

用することを信頼するのは，このような違いによるものと考えることができるであろう。

　学歴との相関について，日本全体の結果を見ると，政府が科学技術を利用することへの信頼度（−.109），科学を自然の脅威と見る程度（−.113）とのあいだに負の相関が見られた。

　都市部地域では，政府が科学技術を利用することへの信頼度（−.108），科学を自然の脅威と見る程度（−.114）とのあいだに有意な負の相関が見られた。原発立地地域，事故当該地域では，学歴と科学に対する態度とのあいだに有意な相関は認められなかった。

　学歴と高度な科学技術の重要度，科学技術の信頼度，政府が科学技術を利用することへの信頼度との相関係数は多くが0.1以下であり，そのほとんどは有意ではなかった。ただし，3地域いずれも相関の方向がマイナスであった。この結果から，科学技術を信頼し重要であると考えるのは，その領域を専門的に学んだ技術者や，高学歴をもつ専門家ばかりとは限らないことがうかがえる。

　性別については男性を1，女性を2として換算し，科学技術に対する態度との相関係数を算出した。日本全体の結果では，性別と高度な科学技術の重要度（−.076），科学技術の信頼度（−.048），政府が科学技術を利用することへの信頼度（−.034）とのあいだに負の相関が見られた。また，科学を自然の脅威と見る程度とのあいだに正の相関（.065）が見られた。

　原発立地地域では，科学を自然の脅威と見る程度（.143）とのあいだに有意な正の相関が見られた。

　事故当該地域では，科学を自然の脅威と見る程度（.053）との相関が低く有意ではなかったが，高度な科学技術の重要度（−.135），政府が科学技術を利用することへの信頼度（−.132），科学技術の信頼度（−.109）とのあいだに有意な負の相関が見られた。

　都市部地域では，性別と科学技術に対する態度とのあいだに有意な相関は認められなかった。

　性別と高度な科学技術の重要度，科学技術の信頼度，政府が科学技術を利用することへの信頼度との相関の方向がマイナスであることから，男性のほうが高度な科学技術を重要と考え，科学技術に対する信頼度が高いことを示してい

る。これは，科学技術に対して一般的に女性よりも男性のほうが関心が高いことによると考えられる。また，性別と科学を自然の脅威と見る程度との関連を見ると，原発立地地域のみが有意な正の相関を示している。さらに，性別と高度な科学技術の重要度，性別と科学技術の信頼度，性別と政府が科学技術を利用することへの信頼度との関連を見ると，いずれも事故当該地域のみが有意な負の相関を示している。これらは地域により，科学技術に対する態度に性差があることを意味している。事故当該地域の結果が都市部地域や原発立地地域と異なった理由として，JCO事故による影響があるのか，別の要因によるものなのか，この結果のみで判断することは困難であり，今後さらに検討が必要であろう。

収入との相関では，都市部地域において，科学を自然の脅威と見る程度（−.175）とのあいだに，有意な負の相関が見られた。都市部地域では，高所得であるほど，科学が自然の脅威と見る程度が低いことを示していた。

(5) まとめ

本節では，科学技術に対する態度と原子力支持的態度，リスクに対する態度，社会的価値観，個人属性などとの関連を検討してきた。分析の結果をまとめると，科学技術に対する態度と原子力支持的態度，科学技術に対する態度とリスクは専門家にまかせるのがよいとする態度との関連がかなり高いことが確認された。

つぎに，科学技術に対する態度と社会的価値観との関連では，科学技術を信頼し重要とする態度が強いほど国家権力や権威を遵守し肯定する傾向があり，科学技術を否定的にとらえるほど個人を尊重する傾向が強いことが示唆された。

科学技術に対する態度と個人属性との関連で結びつきが強いのは，政治的保守傾向と年齢であった。すなわち，政治的態度が保守傾向であるほど科学に対する態度が肯定的であり，高年齢層ほど科学技術を信頼し重要とする態度が強いことが示された。これらは，科学技術の発展には国民の科学技術への理解が欠かせないとする科学技術白書の提言とはいくらか異なる結果となった。例えば，湯澤（1999）は，子どもの科学観について，中学生が上位学年になるにつ

れて受験や進学の観点から理科の学習をとらえる傾向が強く，日常生活に生かすものとなりにくいことを指摘し，受験や進学以外に役立つ科学の楽しさを見出すことができないことが「理科嫌い」「理工系離れ」に関係すると述べている。また，文部省国立教育研究所が平成10年に実施した「数学的・科学的能力や態度の小中高・社会人における発達・変容に関する研究」では，小中高校生の科学技術に対する関心は学年が上がるにつれて理科がおもしろく感じなくなる傾向があるという結果が出ている。この結果について科学技術白書は，青少年の科学技術離れ・理科離れを指摘しつつ，21世紀における科学技術の発展には国民の科学技術への信頼や支持とともに，科学技術の理解を増進する必要性を説いている。一方で本調査の結果は，学歴と科学技術を信頼し重要とする態度とが必ずしも結びつかないことを示している。本調査が示したことは，科学技術の信頼を高め，その技術を推進する政府への信頼を培うには，科学技術の理解の増進のほかにも，配慮する要因（加齢や政治的な傾向）があるということだと推測する。

5．原子力支持的態度を規定する要因の検討　　　　　（宮本聡介）

(1) これまでに抽出された価値観・態度因子のまとめ

これまでに報告した代表的な因子はつぎのとおりである。

原子力に対する態度次元
・原子力支持的態度因子
原子力以外のリスクに対する態度次元
・他者依存的リスク受容因子
・自立的リスク嫌悪因子
・一般的リスク認知因子
価値観次元
・楽観的社会進歩観因子
・原始平等主義的社会観因子
・権威主義的社会観因子

・個人主義的社会観因子

本節では，まず上述の価値観・態度因子について日本3地域（「事故当該地域」「原発立地地域」「都市部地域」）の違いを比較する。ここでは各々の因子に高い負荷量をもち，それぞれの因子を代表する項目を加算した合計得点を指標として3地域の値の比較を試みた。それぞれの因子を代表する値の最大値，最小値，および理論上の中間値を表8.17に，また表8.18にはそれぞれの因子の合計得点の平均値を3地域別に示した。本節で示す社会的価値・態度因子の3地域比較には，これまでの報告と重複する部分も若干あるが，あらためてご覧いただきたい。

表8.17 各態度・価値観因子変数の値のレンジ

	項目数	評定カテゴリー数	最大値	中間値	最小値
原子力支持的態度	19	4	76	47.5	19
他者依存的リスク受容	8	4	32	20	8
自立的リスク嫌悪	8	4	32	20	8
一般的リスク認知	19	4	76	47.5	19
楽観的社会進歩観	6	4	24	15	6
原始平等主義的社会観	5	4	20	12.5	5
権威主義的社会観	4	4	16	10	4
個人主義的社会観	4	4	16	10	4

表8.18 3地域別に見た因子の比較

因子	事故当該地域 平均	原発立地地域 平均	都市部地域 平均	F値
原子力支持的態度	41.1a	39.7ab	39.5b	3.26 *
他者依存的リスク受容	17.2a	17.4a	16.6b	5.95 **
自立的リスク嫌悪	23.2a	23.3a	22.6b	5.77 **
一般的リスク認知	49.4	50.5	50.1	0.60
楽観的社会進歩観	14.4a	14.3a	13.9b	5.70 **
原始平等主義的社会観	14.5a	14.5a	13.8b	15.55 ***
権威主義的社会観	9.5a	9.5a	9.2b	3.74 *
個人主義的社会観	11.5b	11.6b	12.0a	9.68 ***

* $p<.05$, ** $p<.01$, *** $p<.001$
注）同じ行で添え字を共有しないものは有意差がある。

さらに本節では原子力支持的態度に最も影響を与える価値観・態度因子を重回帰分析という手法を用いて明らかにしていく。詳細については本節第2項以降をご覧いただきたい。

(2) 社会的価値観・態度の3地域別比較
原子力支持的態度

　原子力支持的態度では，中間値が47.5点であることから，3地域いずれにおいても，原子力に対する態度は否定的である。ただし，3地域の平均値には5％水準で統計的に有意な差があり，事故当該地域の原子力に対する態度は，都市部地域と比べると肯定的である。この調査が行われた時期がJCO事故の直後であったことも合わせて考えると，この結果は驚くに値する。しかしこれは筆者自身が電力の消費地域である都市部地域の人々に近い意識をもっているからかもしれない。一般に日本全体は原子力に対してかなり否定的な感情をもっている。それに対して，原子力施設をもっている地方の市町村は，原子力に対してある程度肯定的な態度を示すことが予想される。事故直後ということもあり，原発立地地域では都市部地域と同程度に原子力に対して否定的であったと言える。しかし事故の被害を受けた当事者とも言える事故当該地域で他地域に比べて肯定的な態度が示されたということは，この地域の原子力に対する強い思い入れが感じられる。

他者依存的リスク受容・自立的リスク嫌悪

　他者依存的リスク受容は，中間値が20点であり，3地域ともそれを下回っている。このことは環境や生活に関連した何らかのリスクがあっても，それを政府や専門機関に任せておけば良いと考える態度が3地域とも低いことを意味している。国家や専門機関に対する不信感が，この因子のような否定的な態度となって現れていると考えられる。検定の結果からは都市部地域が他の2地域よりも有意に値が低かった。つまり，都市部地域では，政府や専門機関に頼ったリスクの受け入れを求めていないことになる。一方原発立地地域や事故当該地域は，政府や専門機関の力に頼ったリスク受容的態度が都市部地域よりも強い。

　自分や自分をとりまく環境が何らかの有害物質に汚染されたり，地球全体が環境汚染されていると強く認識し，そのような環境から積極的に回避しようとする態度を示す因子が「自立的リスク嫌悪」である。3地域とも中間値である20点をやや上回る値を示し，すべての地域において自立的リスク嫌悪態度を

ある程度もちあわせていることを示している。検定の結果，都市部地域で自立的リスク嫌悪が最も低く，原発立地地域や事故当該地域とのあいだに有意差が見られた。

他者依存的リスク受容と自立的リスク嫌悪は，リスクに対するまったく逆方向の態度である。前者は多少のリスクがあっても便利なもの，有用なものは受け入れるという態度であり，後者は自らが積極的にリスクを回避しようとする態度である。日本3地域を比較して非常に興味深いのは，都市部地域と比べると，原発立地地域も事故当該地域も他者依存的リスク受容と自立的リスク嫌悪の両方の態度が高いということである。この2因子が独立した次元として抽出されたことも興味深いが，それと同時に，原子力関連施設を有する地域では，この両者の態度が並存していることになる。地方都市でのリスクに対する態度にアンビバレントな側面があることをこの結果は意味している。

一般的リスク認知

様々なリスク因子が健康に及ぼす影響をどのようにとらえているかを表す因子である。得点が高いほどリスクに対して敏感だと解釈することも可能である。3地域とも中間値を上回っており，リスクに対する認知の敏感さがうかがえる。3地域間に統計的に有意な差は認められなかった。

楽観的社会進歩観

楽観的社会進歩観とは，将来のリスクは科学技術や政府によって解決されると楽観的に考え，高度経済成長を肯定する価値観である。3地域の値を比較すると，原発立地地域，事故当該地域に比べ都市部地域は有意に楽観的社会進歩観が低かった。都市部ほど将来のリスクを悲観する傾向が強いと言える。

原始平等主義的社会観

原始平等主義的社会観とは，科学技術の発展が不平等や自然破壊を生んでいると考え，「平等」であることを重要視する態度である。この態度が極端になるとアメリカのニューヨーク近郊に住み，アーミッシュと呼ばれる人たちの価値観に近づくのではないだろうか。平均値を見ると，3地域とも中間値を2ポ

イント前後上回る値を示している。さらに，原発立地地域，事故当該地域の原始平等主義的社会観は，都市部地域に比べて有意に高かった。因子分析によって，先の楽観的社会進歩観とこの原始平等主義的社会観は独立した因子として抽出されている。また楽観的社会進歩観と原始平等主義的社会観の2つの価値観は，対極的な価値観に位置づけられる可能性が高いと考えられる。なぜなら前者は社会の進歩を肯定する態度であり，後者は社会の進歩よりは現状維持，あるいは回顧的な態度をもちあわせていると考えられるからである。にもかかわらず，原発関連地域ではこの2つの価値観がともに都市部地域に比べて有意に高かった。つまり一見対極的に位置づけられる2つの価値観を，原発立地地域や事故当該地域ではあわせもっていることになる。先の他者依存的リスク受容と自立的リスク嫌悪の共存と同じように，楽観的に経済成長を肯定するということと，原始平等的であるということの2つの価値観をあわせもつことが，原発関連地域の特徴と言える。

権威主義的社会観

権威主義的社会観とは「死刑に賛成だ」「警察には，犯罪調査のために個人的な電話を聞く権利があってもよい」などのように，国家権力によって実行される政策を肯定する価値観である。3地域の平均値はいずれも中間点である10点をやや下回る値であった。検定の結果，事故当該地域や原発立地地域が，都市部地域に比べて権威主義的社会観が有意に高かった。

個人主義的社会観

個人主義的社会観とは「公正な社会システムでは，能力のある人々が収入を多く得て良い」「喫煙や登山，ハングライダーなど，人々が個人的に危険を冒す行為を規制する権利は政府にはない」など，政府や権力者よりも，個人の権利を尊重する社会観である。3地域とも平均値は中間点である10点をやや上回る値を示している。検定の結果から，都市部地域が他の2地域よりも有意に個人主義的社会観が高かった。先の権威主義的社会観とこの個人主義的社会観は，価値をおく対象が明らかに異なっている。そしてこの2つの因子について3地域の差異を見ると，原発立地地域や事故当該地域は権力肯定傾向が個人主

義傾向よりも強く，都市部地域では個人主義傾向が権力肯定傾向よりも強いと言える。

(3) 原子力支持的態度を規定する要因

表8.19は価値観・態度因子間の相関係数を算出したものである。他者依存的リスク受容（.560），楽観的社会進歩観（.649），権威主義的社会観（.338）は原子力支持的態度と正の相関を示した。一方，自立的リスク嫌悪（−.421），原始平等主義的社会観（−.266），個人主義的社会観（−.144），一般的リスク認知（−.279）は原子力支持的態度と負の相関を示した。

表8.19 因子間の相関係数：3地域（事故当該地域，原発立地地域，都市部地域）にウエイトをかけて算出

	他者依存的リスク受容	自立的リスク嫌悪	楽観的社会進歩観	原始平等主義的社会観	権威主義的社会観	個人主義的社会観	一般的リスク認知
原子力支持的態度	.560 ***	−.421 ***	.649 ***	−.266 ***	.338 ***	−.144 ***	−.279 ***
他者依存的リスク受容		−.311 ***	.606 ***	−.071 ***	.352 ***	−.124 ***	−.250 ***
自立的リスク嫌悪			−.286 ***	.349 ***	−.155 ***	.091 ***	.379 ***
楽観的社会進歩観				−.195 ***	.300 ***	−.159 ***	−.286 ***
原始平等主義的社会観					−.132 ***	.092 **	.214 ***
権威主義的社会観						.045	−.040 ***
個人主義的社会観							−.130 ***

*** $p<.001$, ** $p<.01$, * $p<.05$

つぎに，今回の分析によって抽出された価値観・態度のなかで，原子力支持的態度を予測するうえで影響力の強い価値観・態度を明らかにするために，重回帰分析という手法を用いた分析を行った。分析にあたっては，事故当該地域，原発立地地域，都市部地域，日本全体の4地域別に計算を行った。日本全体に関する重回帰分析では，3地域にウェイトをかけた値を用いている。重回帰分析の結果は表8.20に示した。表中に示されている値は，重回帰分析によって算出される偏相関係数である。数値の大小，及び符号のプラス・マイナスについては相関係数と性質は同じである。したがって値の絶対値が大きいほど原子力支持的態度に強く影響し，また影響の方向を符号によって解釈する。

まず全体の結果を見ると，原子力支持的態度に最も強い影響力を及ぼしている価値観・態度は，楽観的社会進歩観（.529）であった。自立的リスク嫌悪もある程度高い（−.230）。しかし楽観的進歩観と自立的リスク嫌悪では相関係

表8.20 各地域別に見た原子力支持的態度因子の重回帰分析

	事故当該地域	原発立地地域	都市部地域	日本全体
他者依存的リスク受容	.274 ***	.259 **	.064	.068
自立的リスク嫌悪	−.277 ***	−.262 **	−.229 **	−.230
一般的リスク認知	−.137	.034	.004	.006
楽観的社会進歩観	.400 ***	.431 ***	.531 ***	.529
原始平等主義的社会観	−.248 **	−.317 **	−.139 *	.144
権威主義的社会観	.059	−.019	.175 *	.170
個人主義的社会観	.127	.126	−.098	.092
R^2	.57	.64	.57	.57

*** $p<.001$, ** $p<.01$, * $p<.05$
注1) 表中の値は偏相関係数。
注2) 日本全体の分析では地域ごとにウェイトをかけて算出。

数の符号の向きが異なっている。つまり楽観的進歩観ではその価値観を強く有する者ほど原子力支持的態度が強い一方,自立的リスク嫌悪では,その態度を強く示す者ほど,原子力支持的態度が弱くなることを意味している。また,重回帰分析ではモデルの説明率を R^2 という値で表す。ここでは投入された7つの価値観・態度変数によって原子力支持的態度を規定する要因の57%が説明されていることを意味する。この値はモデルの説明率としては十分に高い値である。

つぎに3地域の結果を見ていくことにする。

都市部地域:都市部地域では楽観的社会進歩観の寄与(.531)が有意に高く,原子力支持的態度を規定する最も強い要因であると考えられる。また権威主義的社会観(.175)も有意な正の偏相関を示した。その一方で,自立的リスク嫌悪(−.229)や原始平等主義的社会観(−.139)は有意な負の寄与を示した。他の価値観・態度については有意な偏相関は示されなかった。つまり都市部地域では楽観的社会進歩観が原子力支持的態度を最も強く規定する要因であり,また権威主義的社会観もある程度の影響力をもっていると言える。一方自立的リスク嫌悪や原始平等主義的社会観は原子力支持的態度を低める要因として指摘できる。

原発立地地域,事故当該地域:原発立地地域や事故当該地域でも,原子力支持的態度に影響を及ぼす価値観・態度として最も影響力が大きいのは楽観的社会進歩観であった(原発立地地域=.431,事故当該地域=.400)。しかし楽観的

社会進歩観の偏相関係数を都市部地域と比べるとやや小さな値となっている。そのほかにも，原発立地地域や事故当該地域には都市部地域と異なる特徴が見られると考えられる。特徴的な差異を3点指摘する。

第1に，原発立地地域や事故当該地域では他者依存的リスク受容が原子力支持的態度を規定する要因として有意な値を示している。都市部地域での偏相関係数は.064と小さな値であったが，原発立地地域や東海・那珂町では.25以上の有意な値が示されている。第2に原始平等主義的社会観を見ると，都市部地域と同様に，原発立地地域（−.317）や事故当該地域（−.248）でも有意な負の影響が見られるが，原発立地地域や事故当該地域などの原発関連地域のほうが都市部地域よりも偏相関係数の値は大きい。第3に都市部地域では権威主義的社会観が原子力支持的態度に有意な正の影響を与えていたが（.175），原発関連の2地域ではその影響が見られなかった（原発立地地域＝−.019，事故当該地域＝.059）。原発立地地域や事故当該地域は都市部地域に比べてサンプル数が少ないことから，偏相関係数の値が近似していても，前者では有意にならない可能性があるが，原発立地地域や事故当該地域に見られる権威主義的社会観の偏相関係数は都市部地域に比べて十分に小さな値であると考えられる。

以上のように原子力関連地域では楽観的社会進歩観や他者依存的リスク受容が高まることが原子力支持的態度を高めている。また都市部地域において権威主義的社会観が原子力支持的態度に与える影響に比べ，原発立地地域や事故当該地域ではその影響がきわめて小さい。都市部地域と同様に原発関連地域では自立的リスク嫌悪や原始平等主義的社会観が高いことが原子力支持的態度の低下に作用するが，原始平等主義的社会観の影響は都市部地域よりも原発立地地域の方が強いことなどが明らかになった。

今回の調査から，楽観的社会進歩観は原子力支持的態度を規定する最も重要な価値観・態度変数であることが示された。高度技術社会の確立や経済成長の継続が我々の生活を豊かにすると考える傾向が原子力支持的態度を形成していると言える。しかし本書の狙いは原子力支持的態度を高めるにはどうしたらよいかということにあるのではない。むしろ今回の調査結果は，今後日本全体の原子力支持的態度は徐々に下降していくのではないかと予測する。その1つの根拠は，既述のように（p.146：表8.8），楽観的社会進歩観が年齢と正の相関

を示しているということである。この結果は加齢とともに楽観的社会進歩観という価値態度が強まることを意味しているのではないと考える。戦後，あるいは高度経済成長期に若年期を過ごした者にとっては，技術や経済の進歩は必須であった。しかし豊かな社会に生まれた現代の若い世代にとっては，豊かな社会が当たり前に感じられ，地球環境汚染，高度な技術力による戦争やテロ，遺伝子組み換え問題など，技術の進歩がもたらした様々な弊害と立ち向かわなくてはならなくなっている。こうした若い世代にとっては，楽観的な社会進歩観を望む態度の形成よりも，科学技術の一方的な向上に対する不安が先行するのではないかと考えられる。現行のままでは，こうした若い世代が数十年後，社会進歩に対して肯定的な見方に変化するとは考えられない。年々増える様々な技術倫理の問題は，日本全体の楽観的社会進歩観を揺るがし，それとともに原子力に対する態度も否定的なものへと移り変わっていく可能性がある。もちろんこうしたある種の不信感を取り除くことも科学技術の役目であると考えると，科学者の責任は重大である。

そのほかに原子力支持的態度を規定する要因として他者依存的リスク受容，自立的リスク嫌悪，原始平等主義的社会観，権威主義的社会観の影響が示されたが，これらの価値・態度の強さは地域によって違いが見られ，とくに他者依存的リスク受容は，都市部地域では原子力支持的態度を規定する変数とはなっていなかったのに対して，原発関連地域では原子力支持的態度を規定する重要な価値態度となっていた。原子力政策が政府からのトップダウン政策であること，また原発関連地域はその政策の当事者であり，原子力発電所の立地による多額の給付金がその地域の財源となっていることなどが，都市部地域と原発関連2地域での意識の違いを生んでいるように思う。

以上のように，本節では原子力支持的態度を規定する要因を探ってきた。全体的な結論として，都市部地域では，高度技術社会や経済成長の発展を肯定する態度である楽観的社会進歩観の強さが，原子力支持的態度を規定する要因となっていること，しかし原発の誘致されている地方都市では楽観的社会進歩観の影響もあるものの，大都市に比べてその影響力は弱く，むしろ他者依存的リスク受容態度が楽観的社会進歩観と同程度に原子力支持的態度を規定する価値観・態度であることが示されたと言える。

〈引用・参考文献〉

Allport, G.W.　1935　Attitude. In C.M. Murchison (Ed.), *Handbook of social psychology*, Vol.**2**. Clark University Press.
飽戸 弘　1994　政治行動の社会心理学　福村出版
Dake, K.　1991　Orienting dispositions in the perception of risk. *Journal of Cross-Cultural Psychology*, **22**, 61-82.
井山弘幸・金森 修　2000　現代科学論　新曜社
堀江 湛・宮田信男・上條末夫(編)　1980　政治心理学　北樹出版
科学技術庁(現文部科学省)(編)　2000　科学技術白書(平成12年版)
加藤尚武　2001　価値観と科学／技術　岩波書店
メルヴィン・クランツバーグ(橋本毅彦訳)　1994　コンテクストのなかの技術　新田義弘他(編)　岩波講座現代思想13　テクノロジーの思想　岩波書店
文部科学省編　2001　科学技術白書(平成13年版)
村上陽一郎　2000　科学の現在を問う　講談社現代新書
Slovic, P.　1987　Perception of risk. *Science*, **236**, 280-285.
高木仁三郎　1994　エネルギーとエコロジー　新田義弘他(編)　岩波講座現代思想13　テクノロジーの思想　岩波書店
湯澤正道　1999　子どもによる「科学」が本当の科学になるために　岡田 猛・田山 均・戸田山和久・三輪和久(編)　科学を考える　人工知能からカルチュラル・スタディーまで14の視点　北大路書房

科学的社会調査の価値──終章にかえて

　本書のもととなる調査報告書は 2000 年 3 月にいったんまとまっていたが，それをさらに本書の形にまとめるのに，思いのほか時間がかかってしまった。JCO 事故が大きなきっかけとなって，安全措置を拡充するための社会技術の大規模な開発研究を文部科学省が主導して行うことになり，本書の執筆メンバーのほとんどが，そのプロジェクトの立ち上げと実施に深くかかわることになったことが，遅滞の最大の理由である。出版をお待ちくださった方々のご理解とご寛恕に御礼申し上げる。なお社会技術研究の成果の一部も『リスクマネジメントの心理学』（新曜社）として既刊である。これをご覧いただけば，本書の研究メンバーが，そのまま，今の日本のリスク研究の中核となっていることをご了解いただけることだろう。

　JCO 事故の後，「世論が原子力に対して圧倒的に硬化して，今後，原子力発電所の増設など到底無理な状況になるだろう」という主旨の論説がマスコミに溢れた。それらを読みながら，「それはそうだろう」という感想と，「そんなに単純なものだろうか。社会がそれなりに原子力に対して慣れを獲得している今日，そうとも断言できないのではないだろうか」という迷いとが交錯していた。交錯しながらも，次第に私自身も影響を受け，世論が単純にネガティブになってしまっているような印象をいつのまにかもってしまっていた。

　本書の分析は，このような論評が安易にすぎたことを如実に示している。原子力世論は，マスコミの単純な予想よりもはるかに冷静で奥行きのある構造に成長していたのである。とりわけ，事故当該地の方々のほうがほかの地域の人たちよりも原子力に対して受容的であるという事実を確認したときは，静かな感動を覚えた。世論の成熟というものを教えられた思いである。さらに原子力

への態度が，社会的価値観や政治的態度などと一定の構造をもちながら存在している様には，社会科学的な美をすら感じるほどである。科学的に丹念に設計された世論調査がかくも雄弁であることに私自身が驚きをあらたにする思いがした。

本書の執筆期間に，原子力発電所立地地点でのヒアリングに関する委員会と，地方行政・住民投票に関する委員会にかかわっていた。その経験のなかで，立地に関して，ヒアリングや住民投票をするよりも，社会科学的な厳密性のある態度調査をするほうが社会的受容がはかりやすいのではないかと考えるようになった。

本章では，最後にこの問題について少し論じ，終章に替えることにしたい。

公聴会方式の限界

現在まで，立地地点において，住民の意見を聴取する公聴会形式のヒアリングを，事業者と政府の主催によって重ねながら，地域の理解を得る努力がなされて来ている。

これは，うまく運用されると，2つの点でとくに有効である。

1つは，住民の不安感情をじかに確認することができ，不安低減のために必要な措置について，当初計画が看過しているものを見つけることができる点である。当初予定よりも多い測定機器の設置をはかるとか，モニターの表示場所を増やす，連絡体制を整備するなどの点において，住民の要望をすくい上げることができる。

2つ目は，地域への利益還元のなかで，とくにその地域で要望の高いものを公聴会から拾い上げることができる点である。地域は，人口の年齢，性別，職業構成や，学校・施設のあり方，地理的特徴に関係する様々なニーズにおいて，すぐれて固有の特徴をそなえている。原子力発電事業の受け入れは，リスクと引き替えに，それらのニーズを従来より十分に充足することができるという期待のもとに進められるわけである。ヒアリングのなかで表明される地域のニーズのなかには，事業者や国が看過しているものがかなりあるのがふつうで，それらを取り入れていくことによって，その地域にとって原子力事業の実質的魅力を増大し，受け入れを容易にすることが可能になる。

ところが，公聴会形式の場合，意見陳述などの機会を得られる人数がきわめて限られているという問題がある。原子力事業受け入れに懐疑的な立場からは，少なくとも徹底反対ではないことがあらかじめわかっている人の意見しか取り上げられていないという不信と不満がある。また，中立的な立場の人から見ても，賛成意見の聴取に重きがおかれているのではないかという疑念がなかなか払拭できない。そのため，当該地域において，社会的受容を中立的に測定するなり確認しているという印象をもちにくい。これが公聴会方式の致命的な欠陥である。

住民投票の問題点

JCO事故後の2001年5月27日，東京電力のプルサーマル計画の是非を問う住民投票が新潟県刈谷村で行われ，88.14％という高い投票率のもと，反対投票が1,925票（投票の53.4％）という結果となった。1999年3月に否決されたプルサーマル住民投票条例案が2000年12月に微差で成立したものの，品田宏夫村長の再議付託（拒否権）により2001年1月に否決された後，2001年4月18日にやはり微差で可決され，今度は村長が再議付託をしなかったという目まぐるしい経緯の後の住民投票だった。

また，三重県海山町（みやま）では，2001年11月18日に原子力発電所誘致の賛否を問う住民投票が行われ，88.64％の投票率のもと，反対が5,215票（投票の67％）で賛成を圧倒した。この住民投票には法的拘束力がなかったが，行政へは大きな影響をもつことになった。

原子力事業の受け入れについて立地地点での住民投票には，いくつかの問題点がある。

まず，法的観点からは，このような単一命題方式の住民投票が，首長と議員を選挙で選んで行政を託する間接民主主義と相容れるかどうかという問題がある。これについて甲論乙駁があるのは周知のとおりだが，例えば，首長が原子力発電を受け入れても良いという立場のときに，住民投票がそれを拒否することになるということは海山町以外にも現実に起こり得る。首長の選出には原子力以外の政策も寄与していることは当然だが，このような場合，原子力問題以外の政策も，原子力事業と微妙に連動しているもののあることが考えられ，首

長の政策立案全体の構想が否認されるという状態が出現することになる。それは，代議員制度の間接民主主義が予定している状態ではない。

つぎに，この形式の住民投票が，複雑性の高い内容については民意を反映しにくい面のあることを指摘しなければならない。原子力発電所の受け入れは，様々な恩恵の見通しをともなって提案される。これを受容するかどうかの意志は，地域にもたらされる恩恵と原発のリスク認知との釣り合いの評価によって決まるのである。住民投票が行われる際，恩恵がどのように文面に表明されているかによって，投票結果が大きく左右されるのは当然である。ところが，恩恵のなかには，投票時点ではっきり決定しているものと，決定途中にあるもの，まだ微妙なもの，見通しが時々刻々変化しているものがある。また，原子力発電から直接発生する地域利益と，波及効果として間接的に発生する地域利益とがある。投票対象となる文言に，そのどこまでを明瞭に謳い，どれをニュアンスとしてわかるようにするかということに，修文上，かなりの裁量余地があり，それによって投票結果が大きく左右されることは避けられない。

さらに，あまり多岐な内容は，賛成・反対の議論に適さない。原子力発電に反対の意見は，単純な構文をとりがちだが，賛成意見は，恩恵の多岐な記述ゆえに複雑な構文をとりがちである。政治的キャンペーンは単純な構文のほうが有利だという事情があるために，原子力発電の問題も，政治問題化すればするほど，単純な構文が力をもつ。そのため，政治問題化している状況では建設的な解決を見つけることが難しくなるのである。

問題をもう1つ指摘しておきたい。過去に住民投票が行われた事例では，様々な所属集団などから投票へ圧力のかかった事例が知られている。住民投票は選挙と類似の形式で行われるが，公職選挙法の適用を受けない。また，新奇な社会的行動であるため，投票行動への働きかけについての倫理的な基準が未確立である。立地の候補となる地域は人口が少なく近隣利害関係も緊密であるために，かなり活発な働きかけが行われる。それにもかかわらず，どのような働きかけが違反かという規範意識や検挙基準に大きなあいまいさがある。そのため，本来の意見分布が歪まずに投票結果に反映しているかどうか疑問なのである。公職選挙とは異なる社会的メカニズムが機能している可能性が感じられるのである。

最後に，あまり言及されないことだが，住民投票は，非常に経費がかかる。公職選挙も大きな経費がかかるが，住民投票も同じだけの経費がかかる。賛成と反対の比率を知るためだけにかかる費用として常に正当化できるとは限らないのである。

地域の意志決定プロセスへのサンプル調査の導入

　私は，原子力事業の受容測定には，社会調査が有用だと考えている。

　この調査でもわかるように，原子力に対する態度は，多くの個人差変数と相関している。性差が大きいことは，日，米，仏共通の現象であるし，政治的態度（保守性－進歩性）や，権威主義を含む社会的価値観の影響を強く受けている。

　原子力事業の立地が問題になる地域は，その地域なりの価値観や職業分布を起源とする個人差変数を多くもっている。居住地域や職場の場所が1km違うだけで，原子力に対する態度や，望ましい利益還元のベクトルがすっかり異なることも決して珍しくない。原子力事業の妥当性を考えるときは，それぞれ異なるニーズをもつ種々の住民クラスタに，どのような便益をもたらし，どのような不安をもたらすのかを分析することが必要である。

　社会調査は，通常，調査対象者1人につき，だいたい150問くらいは尋ねることができるので，質問紙がよく計画され，サンプル計画が十分練られていれば，1,500人から3,000人くらいの調査対象者からの回答から，地域の世論を正確に把握することができる。社会科学的に出来の良い調査ならば，どの種の恩恵が大きく賛成に寄与し，どの種の便益があまり寄与しないとか，それぞれの便益の効果が性別や職業や居住地区などによってどの程度変動するかなどの推定値を算出することができる。それを見ながら，それぞれの地域にとって，望ましい原子力事業の導入の仕方が設計できるのである。

　また，住民の利害や意見がいくつかのクラスタに分かれる場合，それぞれの利害の大きさが必ずしも人口に比例する重みと合致するかどうかはわからない。住民投票では，投票した人のウエイトは等分にしかならないが，上手に設計された社会調査では，ウエイトの調整が可能である。それによって，複数の受け入れ計画の相互評価を推定することもできる。

調査の場合，その結果がただちにその地域の賛否を決定するという心証を調査対象者に与えることがなく，また，記入も自宅のプライバシーのある状態でなされることが多いと予想されるため，第三者からの圧力を受ける度合いも少ないものと考えられる。また，他者からの影響を受けて回答を変容させる恐れがある場合，完全ではないがそれを検出する信頼性チェックの仕組みを質問紙の設計に埋め込むことも可能である。

今後の原子力事業の社会的受容

JCO事故以来，2004年の現在に至るまで，原子力発電所の新設は行われていないし，近い将来その見通しもまったく立っていない。

2002年には，福島原子力発電所において，シュラウドの傷の報告を東電が1989年以来様々な形で隠蔽していたという事例が明らかになり，社長が辞任するとともに東電がすべての原子力発電機をいったん停止するという事態に追い込まれた。倫理性・高潔性において日本の超優良企業と目されていた東電がこのような隠蔽を長期継続していたことの衝撃は大きく，原子力行政にとってはさらに逆風になった。

2003年夏は，このため，大幅な電力使用調整のほか，大規模な計画停電の必要性などが予測されていたが，幸い冷夏だったためにそのような事態は避けられた。しかし，火力発電を大幅に復活したために，CO_2が大幅に増え，京都議定書に逆行する事態となった。また，同じ2003年の夏，ニューヨークを中心にカナダまでも至る広い範囲で大規模な停電が起こり，電力の安定供給の不可欠性が広く実感されるところとなった。都市部では，電力がないと飲み水の供給や手洗い使用などの基本的な生活ニーズにさえ大きな支障が起こることもはっきりしたのである。

このような状況では，早晩，原子力発電所の新設が避けられなくなる時期の近いことが予想される。そのときは，事業者も国も，原子力世論をより正確に測定し，それを施策に活用していくことがさらに強く求められることであろう。

そのような事態を前に，事業者，行政，地方公共団体のそれぞれによる社会調査の活用を訴えておきたいのである。

社会調査の技術と科学は，年々着実な進歩を遂げてきている。社会科学のための統計学も，地道な分野ながら着実に進歩している。マスコミの一過的なアンケート調査のイメージよりは，はるかに正確さと厳密さ，そして，豊潤さをそなえているのである。日本の社会科学のための統計学は世界の最高水準にある。調査設計や標本抽出の技術は消費者行動の予測など様々な実践分野で的中技術が日々鍛えられている。費用は安価ではないが，悉皆(しっかい)対象の住民投票と比べればよほど軽微である。

　現代の科学的社会調査の有用性は，進んだ科学工学技術にまさるとも劣らない。それを享受することができるのも現代社会の僥倖の1つである。その一端をせめて本調査が印象づけていれば幸いである。

岡本浩一

事項索引

あ
朝日新聞　65
1バッチ　6
一般的リスク態度　138
一般的リスク認知　97, 148, 162, 176
うねり　44
ウラン加工工場臨界事故調査委員会　4, 37
HNO_3　17
NHK　67
NH_3　17
$(NH_4)_2U_2O_7$　17
エネルギー・情報工学研究会議　68
屋内退避措置　3
重み付け　86
オン・ザ・ジョブ・トレーニング　21

か
核施設の認可プロセス　6
確定的影響　35
確率的影響　35
吸収線量　31
恐怖増幅的知識　97
Gray Equivalent：グレイ・イクイバレント　33
クロスブレンディング　13
計画被曝　2
形状制限　6
権威主義　166
　　──的社会観　142, 165, 177
原因究明機能　57
原始平等主義的社会観　142
原子力
　　──支持的態度　96, 113, 127, 160, 173
　　──支持的態度因子　127
　　──船「むつ」　61
　　──損害賠償保険　3, 4
　　──のイメージ　87, 98
高速増殖炉もんじゅのナトリウム漏洩事故　3
国際原子力事象評価尺度(INES)　2
個人主義　167
　　──的社会観　146, 165, 177
コレスポンデンス分析　51

さ
JCO　1
　　──の経営的背景　19
　　──臨界事故　63
事件の解説機能　57
質的分析　45
質量制限　6
社会経済国民会議　132
社会経済生産性本部　69
社会的価値観　144
主成分得点　55
主成分分析　52
自立的リスク嫌悪　97, 141, 162, 175
新聞・雑誌記事横断検索サービス　42
住友金属鉱山　19
スリーマイル島(TMI)原子炉事故　61
政治的態度　129
政治的保守傾向　168
責任追及機能　57
線量当量　31
総理府　64
属性要因　127
損害賠償　50

た
他者依存的リスク受容　96, 139, 162, 175
チェルノブイリ原発事故　62

貯塔　10
沈殿槽　10
敦賀原発　62
東海村　2, 59
動燃　63

な
内閣府　4
内部被曝　37
年収・学歴　131

は
八酸化三ウラン　10
八条機関　4
半減期　38
不安低減機能　57
風評被害　3, 50
「振り返り」記事　44
放射線　29
放射線による被曝　2
放射能　29

ま
「まとめ」記事　44
諸刃の刃　152

や
$UO_2(NO_3)_2$　17
U_3O_8　17
溶解塔　10

ら
楽観的社会進歩観　144, 176
ランダム・ディジット・サンプリング　77
量的分析　42
臨界　1
　──実験　59
　──状態　5
連想語　87
連想評定値　94

人名索引

A
飽戸 弘　169
Allport, G.W.　116

B
Bem, S.L.　77
Brown, J.D.　109

D
Dake, K.　77, 166, 167

F
Flynn, J.　78

I
井山弘幸　152

K
金森 修　152
加藤尚武　152
Kranzberg, M.　164

M
松井 豊　42
宮田加久子　57

O
小城英子　57
小村和久　32

S
斎藤慎一　58
柴田鉄治　59
Slovic, P.　78

T
Taylor, S.E.　109
Tajfel, H.　109
友清裕昭　59

W
Weinstein, N.D.　109
Wildavsky, A.　164

Y
吉川弘之　49
湯澤正道　172

(巻末資料) 日本 3 地域の人口及び標本数

事故当該地域

都　　市	人　口	標本数
茨城県那珂郡東海村	32,727	652
茨城県那珂郡那珂町	45,007	750
	77,734	1,402

原発立地地域

原子力発電所の所在地（発電所名）	人　口	標本数
宮城県牡鹿郡女川町（女川）	13,044	34
福島県双葉郡大熊町（福島第一）	10,656	30
福島県双葉郡富岡町（福島第二）	16,033	43
新潟県柏崎市（柏崎刈羽）	91,229	240
静岡県小笠郡浜岡町（浜岡）	23,547	64
石川県羽咋郡志賀町（滋賀）	16,425	44
福井県敦賀市（敦賀）	67,204	187
福井県三方郡美浜町（美浜）	12,362	33
福井県大飯郡高浜町（高浜）	12,201	33
鹿児島県川内市（川内）	73,138	200
	335,839	908

都市部地域

都　　市	人　口	標本数
北海道札幌市	1,757,025	129
宮城県仙台市	971,297	71
千葉県千葉市	856,878	63
東京都 23 区	7,967,614	588
神奈川県川崎市	1,202,820	89
神奈川県横浜市	3,307,136	244
愛知県名古屋市	2,152,184	159
京都府京都市	1,463,822	108
大阪府大阪市	2,602,421	192
兵庫県神戸市	1,423,792	105
広島県広島市	1,108,888	82
福岡県北九州市	1,019,598	75
福岡県福岡市	1,284,795	95
	27,118,270	2,000

(平成 7 年度国勢調査にもとづき作成)

ご協力ください

　私どもは，現在，科学技術（原子力を含む）に対する態度と価値観に関する日米仏比較調査を実施しております。日本全体から無作為サンプルを作成いたしましたところ，あなた様が調査対象者のおひとりとなりました。ご多忙のところ，恐縮ですが，どうかご回答かた，ご協力お願い申し上げます。

学術的研究です。もちろん非営利です。

　研究チームは，若い社会心理学者が主体です。研究資金は公的機関である（財）社会経済生産性本部の援助を得ています。社会のハイテク化への社会心理を，日本・アメリカ・フランスで比較し，学術的に正確に把握しようというプロジェクトです。

　学術的な正確を期すために，性別，年齢，居住地域などのバランスが日本人全体の割合と同じになるように調査対象者をお選びしています。その意味で，調査対象者おひとりおひとりのご回答がとても貴重です。お時間をとりして恐縮ですが，ぜひご協力くださいますようお願い申し上げます。事前に調べたところでは，だいたい25分前後ですべてに記入していただけていたようです。

お礼が少なくて申し訳ありません

　気持ちばかりのお礼の品を同封させていただきました。ご多忙でご回答いただけない場合でもそのままお使いください。

プライバシーの守秘をお約束します

　データは統計的分析のみに使用し，個人ごとの分析は致しません。当然のことながら，データの保管には十分注意し，プライバシーの点でご迷惑をおかけすることはありません。

　なお，ご不審やお問い合わせがおありでしたら，下記の連絡先で，岡本研究室に直接お問い合わせくださいますようお願い申し上げます。

　　　　　研 究 代 表　　岡本浩一　　（東洋英和女学院大学人間科学部教授）
　　　　　　　　　　　　　上瀬由美子　（江戸川大学社会学部専任講師）
　　　　　　　　　　　　　宮本聡介　　（常磐大学人間科学部専任講師）
　　　　　　　　　　　　　石川正純　　（広島大学助手）
　　　　　研究事務局　　社会経済生産性本部　　田嶋和也　　岩田　猛

最初の質問は，ことばの連想に関するものです。

「原子力」について少し考えて下さい。

「原子力」ということばを聞いて心に最初に浮かぶことば，あるいは，イメージは何ですか。下の欄に記入してください。

「原子力」 連想1
↓

「原子力」と考えるとき，2番目に心に浮かぶことば，あるいは，イメージは何ですか。
　下の欄に記入してください。

「原子力」 連想2
↓

「原子力」に関して3番目にうかぶことば，あるいは，イメージは何ですか。
　下の欄に記入してください。

「原子力」 連想3
↓

「原子力」であなたが連想したさきほどの3つのことばは、「非常に肯定的」「肯定的」「中立的」「否定的」「非常に否定的」な意味のうち、どれにあたるでしょうか。

連想1，連想2，連想3のページを見返し，下の欄のもっとも当てはまると思う場所の□に✓印でチェックしてください。

2　連想1　（2ページで答えていただいたこと）

非常に肯定的	肯定的	中立的	否定的	非常に否定的	無回答
12.0 %	20.8 %	22.6 %	14.2 %	28.0 %	2.4 %

3　連想2　（3ページで答えていただいたこと）

非常に肯定的	肯定的	中立的	否定的	非常に否定的	無回答
8.2 %	20.2 %	27.2 %	16.5 %	25.3 %	2.6 %

4　連想3　（4ページで答えていただいたこと）

非常に肯定的	肯定的	中立的	否定的	非常に否定的	無回答
9.4 %	16.6 %	25.9 %	14.9 %	28.3 %	4.9 %

5　もしあなたの地域で電力不足の可能性に直面したら，電力供給のために新しい原子力発電所を建設することに対して，あなたは，「強く賛成」「賛成」「反対」「強く反対」しますか。

強く賛成	賛成	反対	強く反対	無回答
2.4 %	24.0 %	41.7 %	30.3 %	1.7 %

次に挙げる各項目について，あなたのご意見をお尋ねします。

各項目を，「あなたやご家族の健康へのリスク（危険性）」「日本人全体の健康へのリスク（危険性）」に関連して，どのように評価なさるでしょうか。

リスク（危険性）が，「ほとんどない」「若干ある」「ある程度ある」「高い」のうち，該当する□にチェックしてください。

			ほとんどない	若干ある	ある程度ある	高い	無回答
原子力発電所	6	あなたやご家族の健康にリスク（危険性）は…	22.4%	23.4%	28.2%	25.9%	0.2%
	7	日本人全体の健康にリスク（危険性）は…	6.6%	27.4%	39.5%	25.0%	1.5%
高圧送電線	8	あなたやご家族の健康にリスク（危険性）は…	35.6%	29.7%	23.0%	11.3%	0.4%
	9	日本人全体の健康にリスク（危険性）は…	22.7%	36.4%	29.2%	9.8%	1.9%
核廃棄物	10	あなたやご家族の健康にリスク（危険性）は…	17.3%	17.8%	19.2%	45.6%	0.0%
	11	日本人全体の健康にリスク（危険性）は…	1.9%	16.9%	31.1%	48.6%	1.5%
エイズ（HIV）	12	あなたやご家族の健康にリスク（危険性）は…	42.3%	23.5%	18.4%	15.5%	0.2%
	13	日本人全体の健康にリスク（危険性）は…	5.2%	25.6%	39.1%	29.9%	0.3%
麻薬（ヘロイン，コカインなど）	14	あなたやご家族の健康にリスク（危険性）は…	57.7%	13.5%	7.5%	20.4%	0.9%
	15	日本人全体の健康にリスク（危険性）は…	5.8%	24.2%	30.7%	37.8%	1.5%
石炭・石油による火力発電所	16	あなたやご家族の健康にリスク（危険性）は…	36.1%	41.5%	19.0%	3.4%	0.0%
	17	日本人全体の健康にリスク（危険性）は…	20.3%	47.2%	27.6%	4.4%	0.5%

次の項目について，「日本人全体の健康へのリスク（危険性）」に関してのみあなたのご意見をうかがいます。日本人全体の健康にとってリスク（危険性）が，「ほとんどない」「若干ある」「ある程度ある」「高い」のうちどれだと思うか，各項目について，該当個所をチェックしてください。どうしてもわからないときにだけ，「わからない」をチェックしてください。

日本人全体の健康へのリスク（危険性）は…	ほとんどない	若干ある	ある程度ある	高い	無回答
18 日常生活で受けるラドン被曝	30.8%	21.8%	14.0%	7.0%	26.5%
19 医療用X線	33.3%	39.2%	23.3%	2.8%	1.5%
20 環境の化学汚染	1.1%	15.2%	33.5%	49.5%	0.7%
21 食物中の残留農薬	3.8%	22.9%	42.5%	30.1%	0.7%
22 喫煙	2.2%	23.5%	31.7%	41.7%	0.9%
23 食物中のバクテリア	20.4%	39.2%	22.8%	7.2%	10.5%
24 アルコール飲料	25.4%	44.8%	22.0%	5.7%	2.1%
25 バクテリアを用いた農作物の遺伝子操作	10.1%	28.4%	26.9%	18.3%	16.3%
26 自動車事故	3.8%	20.8%	31.0%	42.1%	2.4%
27 オゾン層破壊	1.1%	9.4%	26.5%	60.8%	2.2%
28 外気の質	3.2%	17.7%	35.4%	34.9%	8.8%
29 気候の変化（地球温暖化/温室効果）	3.6%	16.6%	32.9%	43.4%	3.4%
30 食物保存のための放射線照射	5.2%	22.7%	33.7%	28.6%	9.8%
31 日焼け	13.2%	32.8%	38.1%	15.3%	0.7%
32 ストレス	4.1%	23.4%	28.5%	42.6%	1.5%
33 テレビのブラウン管	32.2%	36.5%	23.5%	2.6%	5.2%
34 暴風雨や洪水	10.0%	29.7%	39.8%	19.2%	1.3%
35 航空機による旅行	30.6%	43.0%	20.7%	3.1%	2.6%
36 輸血	9.6%	39.6%	30.3%	19.1%	1.3%

以下に様々な社会問題があげられています。それぞれの問題の重要性について，どのようにお考えですか。該当するところにチェックしてお答え下さい。

		大変重要	ある程度重要	若干重要	重要ではない	無回答
37	国家の強いリーダーシップの欠如	48.5%	33.0%	15.0%	3.6%	0.0%
38	原子力に関わる危険	65.7%	26.9%	6.8%	0.6%	0.0%
39	道徳の乱れ	50.9%	34.8%	12.4%	1.9%	0.0%
40	国際社会における日本の影響力の低下	25.1%	43.4%	22.9%	8.2%	0.5%
41	経済問題；失業，物価上昇，生活水準の低下など	53.7%	33.8%	11.4%	0.9%	0.2%
42	エネルギー危機；省エネ，新しいエネルギー資源の必要性など	61.8%	29.9%	7.2%	0.4%	0.6%
43	技術（テクノロジー）に関連する危険	28.0%	45.9%	21.8%	3.2%	1.1%
44	動植物の絶滅	57.9%	26.6%	13.1%	2.3%	0.0%
45	人口増大	36.2%	39.9%	20.0%	3.8%	0.0%

以下に，環境についての様々な意見があげられています。それぞれの意見に対してあなたはどのようにお考えですか。「強く賛成である」「賛成である」「反対である」「強く反対である」のうち，該当するところにチェックしてお答えください。

		強く賛成である	賛成である	反対である	強く反対である	無回答
46	私の住んでいるところには，健康に深刻な影響のある環境問題がある。	11.8%	51.0%	27.8%	8.0%	1.3%
47	私たちの周囲の土壌，空気，水はかつてないほど汚染されている。	21.4%	52.0%	19.6%	6.6%	0.5%
48	環境汚染による健康への危険性は，適切な運動・食生活などのライフスタイルの改善で補うことができる。	5.1%	38.8%	42.5%	12.9%	0.7%
49	ガンを引き起こす化学物質に接触していると，いつかガンになるだろう。	20.3%	60.7%	13.8%	3.8%	1.5%
50	専門家は原子力によるリスク（危険性）について正確な評価ができる。	7.7%	29.0%	44.5%	16.7%	2.1%
51	原子力のリスクは公平である。なぜならリスクを負担している人たちが利益を得ているからである。	9.5%	38.0%	37.2%	12.4%	3.0%
52	喫煙や食習慣などの生活習慣からガンになる危険性は，化学物質や放射線などの環境要因からガンになる危険性よりもずっと大きい。	12.5%	41.7%	37.8%	6.2%	1.7%

		強く賛成である	賛成である	反対である	強く反対である	無回答
53	放射線に接触するレベルがいかに低くても、ガンを引き起こし得るだろう。	10.3%	60.9%	25.6%	2.6%	0.7%
54	ある物質が動物実験でガンを引き起こすことが科学的に実証されれば、その物質が人間にもガンを引き起こすと考えてよいだろう。	19.8%	65.8%	12.5%	1.3%	0.6%
55	非常に深刻な健康の問題があれば、厚生省や保健所が対応するだろう。具体的な問題について警告が出るまでは、私が心配する必要はない。	1.3%	12.0%	50.1%	36.2%	0.4%
56	私は日常生活で化学物質や化学製品に接することを避けようといっしょうけんめい努力している。	4.5%	41.5%	48.2%	3.8%	1.9%
57	人は、払える限り、必要とするだけの電気を使用する権利がある。	1.5%	14.1%	58.7%	25.2%	0.4%
58	経済の強化のためには、国民の健康への影響も多少は容認せざるを得ない。	1.5%	9.2%	52.9%	35.8%	0.7%
59	温室効果は環境と人々の健康に有害な変化をもたらし得る深刻な問題である。	29.4%	55.9%	12.3%	1.1%	1.3%
60	日本社会は健康に関するささいな問題にも過敏になっている。	6.2%	38.4%	46.6%	8.2%	0.7%
61	高度の高い場所よりも海抜0メートルの場所のほうが自然放射線を多く受けるだろう。	2.3%	26.6%	57.8%	7.9%	5.4%
62	普通の人は、人工放射線（エックス線や原子力のような）よりも、自然放射線（宇宙線や大気中のラドンのような）を多く受けている。	8.5%	59.2%	26.9%	2.2%	3.2%
63	私自身の健康へのリスク（危険性）に対して自分ではコントロールできないと感じる。	8.8%	52.7%	34.1%	3.4%	1.1%
64	健康へのリスク（危険性）に関する決定は専門家にまかせるほうが良い。	5.5%	24.1%	55.3%	14.6%	0.5%
65	石炭や石油燃焼にともなう酸性雨、オゾン層破壊、気候の変化の健康への影響を考慮すると、将来の電力需要を満たすために、日本は原子力への依存度を高める方がよい。	4.0%	25.7%	46.2%	21.3%	2.8%
66	新しい発電所を建設するよりも、電力使用の制限や調整などの手段をとるべきだ。	25.3%	53.0%	19.7%	0.9%	1.1%
67	リスク（危険性）のない環境は、日本にとって達成可能な目標だと信じる。	12.6%	45.3%	35.6%	5.3%	1.3%
68	将来の電力需要を満たすためのエネルギー輸入を避けるためには、日本は、原子力発電の割合を高めるほうが良い。	4.5%	23.3%	47.7%	22.7%	1.7%
69	原子力は、科学技術においてわが国が誇るべき成果だ。	3.0%	26.0%	49.6%	18.9%	2.6%
70	電力の使用を減らすと私たちの生活水準が下がって支障をきたす。	3.8%	30.9%	54.4%	9.8%	1.1%

	強く賛成である	賛成である	反対である	強く反対である	無回答
71 放射性廃棄物を安全に保管する方法がわからないから、原子力発電所の使用をやめるべきだ。	16.8%	38.2%	40.5%	1.7%	2.8%
72 産業界は、払える限り、必要とするだけの電力を使う権利がある。	2.1%	10.7%	58.1%	28.6%	0.4%
73 原子力はわが国の国際的地位と安全保障にとって必要不可欠だ。	4.0%	27.5%	51.9%	14.2%	2.4%
74 私は原子力について知識がある。	1.5%	16.6%	56.1%	20.3%	5.5%
75 原子力のような問題は住民投票で決定するべきだ。	15.9%	47.3%	30.3%	3.6%	3.0%
76 原子力はわが国の経済的繁栄のために必要不可欠だ。	5.1%	39.0%	41.9%	10.9%	3.2%
77 原子力産業は、既存の発電所よりも安全な新世代の原子力発電所の建設が可能だという立場をとっている。もしそうだとすれば、国の将来の需要を満たすため、このような新世代の原子力発電所の建設に賛成である。	6.0%	42.5%	34.7%	13.9%	2.9%
78 原子力産業は廃棄物を安全に管理する能力がある。	3.2%	11.8%	51.4%	30.9%	2.8%
79 原子力発電所は核爆弾に変わり得るし、爆発し得る。	25.5%	47.8%	19.0%	3.9%	3.8%
80 原子力発電所や火力発電所を増やすのをやめて、電力供給の新しい方法を開発するべきだ。	51.4%	37.7%	8.4%	0.6%	1.9%
81 雇用や交付金の見返りがあれば、周辺地域は原子力発電所によるリスク（危険性）を受け容れても良い。	2.6%	12.3%	46.1%	37.8%	1.3%
82 原子力発電は、核兵器の生産につながる。	11.7%	32.6%	45.4%	7.5%	2.8%
83 原子力発電所は、周辺の住民が受け容れに自発的に賛成するまで建設・運転してはならない。	29.8%	50.1%	16.5%	1.5%	2.1%
84 ほとんどの科学者は原子力のリスク（危険性）が受容可能であることに同意している。	3.0%	32.6%	49.5%	9.6%	5.3%
85 原子力は不道徳だ。なぜならば未来の世代の了承なしに彼らにリスク（危険性）を押しつけるからだ。	16.7%	34.4%	42.1%	3.0%	3.8%
86 近くに原子力発電所があると、よその人々から見てその地域の魅力が低下する。	20.3%	49.7%	25.5%	1.7%	2.8%
87 原子力発電所の周辺住民は、発電所が適切に運転されていないと思われる場合に発電所を閉鎖する権限をもつべきだ。	38.0%	48.4%	10.2%	1.3%	2.1%
88 原子力発電所を建設、運転、調整する専門家や技術者は信頼できる。	1.5%	20.3%	49.8%	26.0%	2.3%

		強く賛成である	賛成である	反対である	強く反対である	無回答
89	原子力発電所の建設認可の手続きには，住民の懸念を考慮する機会が十分に与えられている。	3.8%	14.2%	59.6%	19.8%	2.5%
90	原子力の危険性に関する意見の相違は科学的データや分析により解決することができる。	1.7%	28.9%	51.5%	15.5%	2.4%

91　日本の電力の何パーセントが原子力によって供給されていると思いますか？

(平均) 42.77 ％

これから原子力リスク（危険性）に当てはまる可能性のあるいくつかの特徴についてあげていきます。あなたの意見に該当するところにチェックして下さい。

原子力のリスク（危険性）は，

		はい	いいえ	無回答
92	科学的に十分わかっている	39.2%	60.2%	0.6%
93	国民に十分理解されている	3.3%	96.1%	0.6%
94	科学で制御できる	29.3%	69.2%	1.5%
95	壊滅的である	50.3%	47.1%	2.6%

次に，石炭と石油のリスク（危険性）について同じように答えてください。

石油・石炭による火力発電のリスク（危険性）は，

		はい	いいえ	無回答
96	科学的に十分わかっている	57.8%	41.1%	1.1%
97	国民に十分理解されている	26.1%	73.1%	0.9%
98	科学で制御できる	60.0%	38.7%	1.3%
99	壊滅的である	15.6%	81.2%	3.2%

100 「この国の繁栄のためには、環境に多少のリスク（危険性）があっても十分な電力を供給するべきだ」という意見があります。他方、重要なのは環境で、環境を破壊する危険を冒すよりは、電力不足の危険を冒すほうが良い」という意見もあります。あなたは、「十分な電力」派と、「環境保護」派のどちらにより近いですか。

「十分な電力」派	「環境保護」派	無回答
19.7%	77.5%	2.8%

電力を生産するための方法がつぎにあげられています。それぞれの方法は国の将来のエネルギー需要を満たすために、あなたにとってどの程度受け容れられるか答えて下さい。

		十分受け容れられる	ある程度受け容れられる	少し受け容れられる	まったく受け容れられない	無回答
101	石油による火力発電	11.7%	53.3%	29.3%	4.5%	1.3%
102	太陽光発電	84.8%	11.4%	2.4%	0.6%	0.9%
103	天然ガスによる火力発電	29.2%	50.5%	16.9%	1.5%	1.9%
104	原子力発電	6.0%	30.3%	34.3%	27.8%	1.5%
105	水力発電	58.8%	30.1%	8.3%	1.5%	1.3%
106	風力発電	78.8%	14.7%	4.1%	1.1%	1.3%
107	石炭による火力発電	8.9%	41.3%	39.6%	9.1%	1.1%

次の一連の文章について、あなたはどうお考えですか。「強く賛成」「賛成」「反対」「強く反対」のうち、該当するところにチェックしてください。

		強く賛成である	賛成である	反対である	強く反対である	無回答
108	高度技術社会は、私達の健康増進と住みよい社会のために重要だ。	16.6%	55.8%	22.9%	2.4%	2.3%
109	死刑に賛成だ。	15.8%	54.3%	21.0%	6.9%	1.9%
110	権力者の地位にある人々は、彼らの力を乱用しがちだ。	39.9%	46.6%	8.4%	3.0%	2.2%
111	公平な社会システムでは、能力のある人々が収入を多く得て良い。	14.3%	60.0%	20.1%	3.4%	2.1%
112	喫煙や登山、ハングライダーなど、人々が個人的に危険を冒す行為を規制する権利は政府にはない。	14.2%	57.7%	24.5%	2.6%	1.1%

		強く賛成である	賛成である	反対である	強く反対である	無回答
113	もしこの国の人々が平等に扱われるなら，社会問題はもっと減るはずだ。	8.8％	51.0％	34.5％	3.8％	1.9％
114	政府が決定したエネルギー源の選択を，一致団結して支持する必要がある。	1.3％	21.1％	65.9％	9.8％	1.9％
115	経済的成長を続ければ，結局汚染や天然資源の枯渇につながるだけだ。	17.4％	46.4％	32.5％	1.1％	2.6％
116	自分の食べ物を自分で育て，資源を節約するライフスタイルをとることによって自立し，自給自足しようとする人々を尊敬する。	21.8％	58.5％	16.5％	1.9％	1.3％
117	科学技術の発達は自然を破壊している。	14.7％	49.4％	32.5％	1.5％	1.9％
118	私たちの世代の科学技術は，将来の世代にリスク（危険性）を負わせることになるかもしれないが，私は彼らがうまくのりきってくれると信じている。	5.1％	44.6％	40.5％	7.6％	2.1％
119	政府や産業界は，科学技術のリスク（危険性）に対応するための適切な決定をしていると信頼して良い。	0.9％	16.9％	57.1％	22.8％	2.3％
120	リスク（危険性）が非常に小さいとき，社会がそのリスクを本人に同意なく個人に負わせてもかまわない。	0.9％	7.2％	58.7％	31.7％	1.5％
121	この世界に必要なのは，もっと平等な富の分配だ。	7.1％	39.5％	44.3％	5.7％	3.4％
122	社会のことを心配しても仕方ない。どのみち私には何もできないのだから。	2.1％	11.8％	64.2％	19.9％	1.9％
123	私たちは権利の平等を推し進めすぎてしまった。	4.5％	31.7％	55.9％	4.5％	3.4％
124	経済成長の継続は，私たちの生活の質の向上に必要だ。	7.4％	54.9％	31.6％	3.4％	2.8％
125	警察には，犯罪調査のために個人的な電話を聴く権利があってもよい。	3.2％	26.8％	42.1％	26.3％	1.7％
126	権力者は，私たちに有害な事柄についての情報を差し止めることがしばしばある。	26.9％	52.2％	13.9％	5.3％	1.7％

巻末資料　207

　　　データを詳しく分析するために，記入してくださった方に関していくつかの
　　基礎的情報が必要です。恐縮ですがお答えください。当然ながら，情報はすべ
　　て機密扱いに致します。

127　あなたの年齢はおいくつですか。　　　　　　　　　（平均）43.45 歳

128　a. あなたの世帯には 18 歳未満のお子さんが何人いらっしゃいますか（いらっし
　　　　ゃらなければ「0 人」とご記入ください）。　　　（平均）0.62 人
　　　b. そのうち小学校入学前のお子さんが何人いらっしゃいますか。　（平均）0.43 人

129　あなたの最終学歴あるいは在学経験はどれですか。

　　　　　　　　該当する個所をチェックしてください
　　　　　　　　　　　　　↓

大学院入学・在学以上	5.9％	→ Q130,131 と 132 を答えてください
大学卒業	31.5％	→ Q132 へ進んでください
短大・大学に 2 年以上在籍	24.1％	→ Q132 へ進んでください
専門学校・各種学校卒業		→ Q133 へ進んでください
高校卒業	31.3％	→ Q133 へ進んでください
高校卒業未満	6.1％	→ Q133 へ進んでください
無回答	1.1％	

　　修士以上の学位をおもちでしたら，該当する学位をチェックしその名称を書いてく
　　ださい。

130　学位　　　　　　　修士　2.9％　　　　　博士　1.9％
131　学位の名称

132　大学の専攻分野は次のどれに最も近いですか。

理工学	農学	医学・歯学	薬学	人文・社会科学	経済学	法学	経営学・商学	教育学	その他	無回答
		11.6％		8.0％	10.3％		6.5％	3.9％	8.0％	51.8％

以下の特徴はあなたご自身にどのくらい当てはまりますか。「1」が「まったく自分にあてはまらない」、そして「10」が「いつも自分にあてはまる」として、該当する番号に○をつけてお答えください。

	まったく自分にあてはまらない↓								いつも自分にあてはまる↓	
	1	2	3	4	5	6	7	8	9	10
133 人に頼らない				(平均)	6.10					
134 ものわかりがよい				(平均)	6.45					
135 野心的だ				(平均)	4.46					
136 情がこまやか				(平均)	6.75					
137 人と競争する				(平均)	5.05					
138 同情心があつい				(平均)	6.71					
139 リーダーシップがある				(平均)	5.46					
140 個性が強い				(平均)	6.14					
141 ほかの人の求めているものがすぐにわかる				(平均)	5.91					
142 あたたかい				(平均)	6.66					

143 ほかの人があなたの健康や安全を心配するような活動に、自らの意志で参加していますか。

はい	いいえ	無回答
8.1%	89.5%	2.4%

↓

144 「はい」の場合、何の活動ですか。

145 あなたの健康状態はいかがですか。次のうち該当個所をチェックしてください。

すぐれている	良好	まあまあ	悪い	無回答
8.6%	42.9%	42.9%	4.7%	0.9%

146 あなたは15歳のときに，どこに住んでいましたか。

都道府県名を書いてください。

あなたは過去に，次の事柄を行ったことがありますか。
該当するところにチェックしてください。

		ある	ない	はっきりしない	無回答
147	環境に害を及ぼす製品の使用を避けたことがある。	59.2%	19.7%	18.6%	2.5%
148	環境保護のために働く団体や組織に参加したことがある。	11.2%	84.9%	1.8%	2.1%
149	環境問題への姿勢を理由として，候補者に投票した。あるいは候補者のために活動したことがある。	23.9%	64.7%	9.3%	2.1%
150	値段が高くても，自分の健康に良い商品や環境にやさしい商品を買ったことがある。	78.5%	15.7%	3.9%	1.9%

151 あなたの政治的ご姿勢についてお答えください。ご自分の考え方を下の尺度上に位置づけるとすると，どこがもっとも近くなりますか。該当するところを1ヶ所チェックしてください。

革新的	ある程度革新的	どちらかといえば革新的	どちらともいえない	どちらかといえば保守的	ある程度保守的	保守的	無回答
3.4%	11.4%	22.5%	29.5%	24.2%	4.7%	2.0%	2.5%

次にあげる政党のうち，あなたの考え方にもっとも近い政党はどれですか。該当する政党に1つだけチェックしてください。

自由民主党	自由党	公明党	民主党	社会民主党	日本共産党	その他	無回答
23.5%	6.4%	3.6%	24.8%	7.3%	6.8%	18.2%	9.5%

152 あなたの世帯の年間所得の総額は，ご家族全体で次のどれに該当しますか。該当するところをチェックしてください。

200万円未満	3.0％	800万円以上～1000万円未満	14.0％
200万円以上～400万円未満	13.1％	1000万円以上～1200万円未満	10.7％
400万円以上～600万円未満	19.8％	1200万円以上～1500万円未満	6.3％
600万円以上～800万円未満	18.1％	1500万円以上	7.8％
		無回答	7.2％

153 あなたは原子力発電所の近くに住んでいらっしゃいますか，それとも遠くでしょうか。

近い	遠い	無回答
7.2％	84.8％	7.9％

154 あなたの性別を教えてください。

男	女	無回答
55.2％	42.9％	1.9％

ご協力ありがとうございました。

この調査票にご記入くださった本日の月日をお書きください。必ずお願いします。

月　　　日

【編　者】

岡本浩一（おかもと・こういち）
東洋英和女学院大学人間科学部教授，内閣府原子力委員会専門委員，
(独)科学技術振興機構社会技術研究システム社会心理学研究グループ・リーダー
東京大学大学院社会学研究科単位取得満期退学 1985年，社会学博士 1990年
［専攻］社会心理学・リスク心理学
［主要著書］『社会心理学ショート・ショート』（新曜社）
　　　　　　『リスク心理学入門』（サイエンス社）
　　　　　　『無責任の構造』（ＰＨＰ）
　　　　　　『リスク・マネジメントの心理学』（共編，新曜社）
［本書執筆担当］第1章，第5章，第8章

宮本聡介（みやもと・そうすけ）
常磐大学人間科学部助教授
(独)科学技術振興機構社会技術研究システム社会心理学研究グループ・サブリーダー
筑波大学大学院心理学研究科修了 1996年，博士（心理学）1996年
［専攻］社会心理学
［主要著書］『社会的認知ハンドブック』（編著，北大路書房）
　　　　　　『心理学ワールド入門』（共著，サイエンス社）
　　　　　　『新編社会心理学』（共著，福村出版）
［本書執筆担当］第4章，第7章，第8章1・3・5

【執筆者】
　　石川正純（いしかわ・まさより）
　　東京大学原子力研究総合センター助手
　　京都大学大学院エネルギー科学研究科単位取得満期退学 1999年，博士（エネルギー科学）2002年
　　［専攻］放射線医学物理・放射線計測
　　［本書執筆担当］第2章

　　下村英雄（しもむら・ひでお）
　　(独)労働政策研究・研修機構副主任研究員
　　筑波大学大学院心理学研究科単位取得満期退学 1997年，博士（心理学）2003年
　　［専攻］職業心理学・社会心理学・教育心理学
　　［主要著書］『対人心理学の視点』（共著，ブレーン出版）
　　　　　　　　『フリーター――その心理社会的意味』（共著，至文堂）
　　　　　　　　『リスク・マネジメントの心理学』（共著，新曜社）
　　［本書執筆担当］第3章

　　堀　洋元（ほり・ひろもと）
　　(独)科学技術振興機構社会技術研究システム社会心理学研究グループ研究員

日本大学大学院文学研究科単位取得満期退学 2001年
［専攻］社会心理学・災害心理学
［主要著書］『リスク・マネジメントの心理学』（共著，新曜社）
［本書執筆担当］第3章

鈴木靖子（すずき・やすこ）
成城大学大学院文学研究科博士課程後期，修士（文学）2003年
［専攻］コミュニケーション学
［本書執筆担当］第5章，第8章4

上瀬由美子（かみせ・ゆみこ）
江戸川大学社会学部助教授
日本女子大学大学院文学研究科単位取得満期退学 1993年，博士（文学）1996年
［専攻］社会心理学
［主要著書］『ステレオタイプの社会心理学』（サイエンス社）
　　　　　『対人心理学の最前線』（共著，サイエンス社）
　　　　　『リスク・マネジメントの心理学』（共著，新曜社）
［本書執筆担当］第6章，第8章2

JCO 事故後の原子力世論

| 2004 年 4 月 1 日　初版第 1 刷発行 | 定価はカヴァーに表示してあります。 |

編　者	岡本浩一
	宮本聡介
発行者	中西健夫
発行所	株式会社ナカニシヤ出版
	〒606-8316 京都市左京区吉田二本松町 2 番地
	Telephone　075-751-1211
	Facsimile　075-751-2665
	郵便振替　01030-0-13128
	URL　http://www.nakanishiya.co.jp/
	E-mail　iihon-ippai@nakanishiya.co.jp

装丁・白沢　正／印刷・ファインワークス／製本・兼文堂
Printed in Japan
Copyright © 2004 by K. Okamoto & S. Miyamoto
ISBN4-88848-852-5